高职高专艺术设计专业规划教材·印刷

COMMERCIAL
PRINTING
DESIGN

商业印刷设计

白利波　编著

U0195706

中国建筑工业出版社

图书在版编目（CIP）数据

商业印刷设计 / 白利波编著. —北京：中国建筑工业出版社，2014.10
高职高专艺术设计专业规划教材·印刷
ISBN 978-7-112-17233-7

I. ①商… II. ①白… III. ①商业–印刷–设计–高等职业教育–教材 IV. ①TS801.4

中国版本图书馆CIP数据核字（2014）第208221号

　　本书为高职高专印刷专业规划教材，写给那些即将进入印刷行业或者已经进入印刷行业的学生、技术人员、管理者及平面设计师们。全书首先从色彩谈起，依照印刷流程中印前、印中、印后的基本流程，将商业印刷设计中看似晦涩难懂的基本知识点融合到具体设计案例中，内容包括商业卡片、宣传单页（DM直邮）、封套、折页、宣传册、台历挂历六个项目。

责任编辑：李东禧　唐　旭　陈仁杰　吴　绫
责任校对：李欣慰　党　蕾

高职高专艺术设计专业规划教材·印刷

商业印刷设计
白利波　编著
*
中国建筑工业出版社出版、发行（北京西郊百万庄）
各地新华书店、建筑书店经销
北京嘉泰利德公司制版
北京方嘉彩色印刷有限责任公司印刷
*
开本：787×1092毫米　1/16　印张：6½　字数：149千字
2014年11月第一版　2014年11月第一次印刷
定价：39.00元
ISBN 978-7-112-17233-7
　　　　（26017）

"高职高专艺术设计专业规划教材·印刷"
编委会

序

　　2013 年国家启动部分高校转型为应用型大学的工作，2014 年教育部在工作要点中明确要求研究制订指导意见，启动实施国家和省级试点。部分高校向应用型大学转型发展已成为当前和今后一段时期教育领域综合改革、推进教育体系现代化的重要任务。作为应用型教育最基层的众多高职、高专院校也会受此次转型的影响，将会迎来一段既充满机遇又充满挑战的全新发展时期。

　　面对众多研究型高校转型为应用型大学，高职、高专作为职业技术的代表院校为了能够更好地迎接挑战，必须努力提高自身的教学水平，特别要继续巩固和加强对学生操作技能的培养特色。但是，当前职业技术院校艺术设计教学中教材建设滞后、数量不足、种类不多、质量不高的问题逐渐显露出来。很多职业院校艺术类教材只是对本科教材的简化，而且均以理论为主，几乎没有相关案例教学的内容。这是一个很大的问题，与当前学科发展和宏观教育发展方向是有出入的。因此，编写一套能够符合时代发展需要，真正体现高职、高专艺术设计教学重动手能力培养、重技能训练，同时兼顾理论教学，深入浅出、方便实用的系列教材就成为了当务之急。

　　本套教材的编写对于加快国内职业技术院校艺术类专业教材建设、提升各院校的教学水平有着重要的意义。一套高水平的高职、高专艺术类教材编写应该有别于普通本科院校教材。编写过程中应该重点突出实践部分，要有针对性，在实践中学习理论，避免过多的理论知识讲授。本套教材邀请了众多教学水平突出、实践经验丰富、专业实力雄厚的高职、高专从事艺术设计教学的一线教师参加编写。同时，还吸纳很多企业一线工作人员参加编写，这对增加教材的实用性和实效性将大有裨益。

　　本套教材在编写过程中力求将最新的观念和信息与传统知识相结合，增加全新案例的分析和经典案例的点评，从新时代的角度探讨了艺术设计及相关的概念、方法与理论。考虑到教学的实际需要，本套教材在知识结构的编排上力求做到循序渐进、由浅入深，通过大量的实际案例分析，使内容更加生动、易懂，具有深入浅出的特点。希望本套教材能够为相关专业的教师和学生提供帮助，同时也为从事此专业的从业人员提供一套较好的参考资料。

　　目前，国内高职、高专艺术类教材建设还处于起步阶段，还有大量的问题需要深入研究和探讨。由于时间紧迫和自身水平的限制，本套教材难免存在一些问题，希望广大同行和学生能够予以指正。

总主编　魏长增

2014 年 8 月

前　言

许多年来，印刷行业一直被分为两个独立的专业领域，一个是印刷复制领域，如印刷、裁切、折页、装订等，这个领域只关心最终印刷品的质量；另一个领域则只关注印刷品的设计与创意，如平面设计师的工作。

现在，平面设计师的工作已经从早期手工的、简单的版面设计，发展到复杂的、内容丰富的数字文件设计及制作。数字化是当前设计和印刷发展的主要方向。然而，当数字化文件的制作方法快速发展，各种设计软件版本一再翻新的时候，这些真正需要对印刷的具体要求了解和掌握的人，比如平面设计师，却对印刷知之甚少。

由于对印刷相关知识的缺乏，设计师每次都要在紧张不安中等待，不知道自己的作品印刷出来到底会是什么样子。颜色发生改变了，图片印刷效果比显示器上看到的糟糕了，先前没注意到的错误不可思议地印刷出来了……一切都变得大相径庭。

精确的图像校准（Image Calibration）、网点扩大（Dot Gain）、CMYK 模式和 RGB 模式、网屏套叠（Screen Clash）、陷印（Trapping）等都是设计师经常遇到的数字化印前处理的概念。其实，这些表面看似复杂的概念处理起来很简单，只是设计师没有接触过，不理解这些概念，结果导致作品在印刷中出现各种问题，造成时间和金钱上的巨大浪费。

如果能够理解和掌握这些原理，设计师就可以充满自信地应对各种问题，那么一切事情处理起来都会得心应手。再也不用在凌晨三点惊醒，内心一遍又一遍地回忆整个设计过程，担心某个地方有所遗漏或疏忽。

本书的编写，正是基于当下这种现状，将作者实际工作中获得的知识进行了系统地梳理，结合实际案例，向诸位略作介绍。如果读过此书，能对您的工作有一点点的帮助，本人也将感到万分荣幸！

目　录

概　述

很多初涉印刷行业的人都有过类似不愉快的经历，当他们把设计好的作品送到印刷厂以后，印刷出来的颜色和所期望的颜色大相径庭。他们知道肯定出现了严重错误，但对问题出在什么地方以及如何修改又毫无头绪。所以我们就要先从色彩说起。

1. 从色彩说起

首先聊聊 RGB 和 CMYK。

那么 RGB 代表什么？可能你已经知道 R 代表红色（Red），G 代表绿色（Green），B 代表蓝色（Blue）。但是，你知道怎样用 RGB 得到 Y（Yellow/ 黄色）吗？

从 RGB 出发考虑这个问题可能比较难，然而这也正是计算机显示器的呈色原理，另外，扫描仪、数码相机都是以 RGB 模式工作的。所有在显示器上看到的图像都是以 RGB 模式呈现的，无论对图像进行怎样的处理，都离不开 RGB 模式。

CMYK 是印刷中必须理解的、最重要的色彩模式。大多数平面设计师都知道四色印刷中采用的油墨是青、品红、黄和黑（CMYK）。把青（Cyan）、品红（Magenta）、黄（Yellow）分别简写成 C、M、Y 非常合理，但是为什么把黑（Black）简写成 K 呢？我在印刷厂上班的第一天，车间师傅说第二天早上他需要一个新的"关键版（key plate）"，我不理解他的意思，以为只是开玩笑。很快我就了解到，所谓的"关键版"就是对整个图像非常重要的版，如黑版。道理很简单，通常的文字和图像轮廓都是黑色的，黑版对于定位和套印起着关键作用。所以"K"真正代表的是"Key"。通常情况下，大家都会误认为"Black"之所以简化成"K"是因为担心和"Blue"的简写"B"混淆，看起来似乎有道理，事实却绝非如此。

既然这样，我们谈印刷还有必要去理解 RGB 模式吗？答案是肯定的，因为只有理解 RGB 模式，你才能知道设计时需要避免什么问题，以及如何去避免这些问题，否则 RGB 会造成一系列烦人的问题，你永远不会对自己作品的色彩能否正确呈现把握十足。

图像处理时，一般都是在 RGB 模式下进行，不要一开始就把图像转换成 CMYK 模式。当然，最后送去印刷之前都必须是 CMYK 模式（除非是包含专色的多通道模式，这部分内容会在后面提到）。既然最终必须转换为 CMYK 模式，色彩问题正是在 RGB 模式转换成 CMYK 模式时产生的。

关于 RGB 我们首先要知道它是指光的颜色，而 CMYK 指的是色料的颜色。我们用画笔和涂料做个试验，就能在某种程度上理解色料的混合原理。如果我们需要某种颜色，就可以利用原色混合得到。原色本身是不能通过其他颜色混合而成的，而原色以不同比例混合能再现很多间色（由两种原色混合而成的颜色，又叫二次色），例如，如果我们想得到绿色（间色），可以混合青色和黄色两种原色；如果想得到紫色，可以混合青色和品红色两种原色等。

所有我们使用的涂料都符合这个色料混合原理，CMYK 模式只包含四种色料，是比较有限的，其他的颜色都是通过 CMYK 混合得到的。

RGB 更加有限，因为只有三种原色。然而，RGB 通过混合却能表现出比 CMYK 更广的色彩范围，不幸的是，设计师完全不知道 RGB 三原色混合以后会是什么结果，因为不可能有这样一盒色光来做这个试验。

关于 RGB 和 CMYK 这两个不同的色彩系统，有一个问题需要提及一下，RGB 几乎是 CMYK 的相反色，但是不能说完全是相反色，这也是设计时出现色彩问题的原因之一。

1）RGB 和 CMYK 还有其他方面的区别

RGB 是色光色，RGB 模式是一种发光的色彩模式，即使在黑暗中仍然能够看到，而 CMYK 是色料色，是一种依靠反射光的色彩模式，在黑暗中不能看到。

CMYK 是减色混合，理论上 C、M 和 Y 混合能吸收所有的光线，生成黑色。当然，实际上三者混合得不到真正的黑色。RGB 为加色混合，色光混合亮度会提高，几乎和 CMYK 完全相反。

2）关于相反色

印刷用的颜色是色料。

我们用的色料表现出来的青色、品红色和黄色分别和 RGB 色彩中的红色、绿色和蓝色是接近的相反色。

红、绿和蓝色色料本身不能混合出足够的其他颜色，所以根本没法满足彩色图像印刷的要求。所以，早期的 CMYK 系统开发者就想到用 RGB 的相反色 CMYK，因为青、品红和黄色色料混合的颜色表现出的效果很好。

如果需要在 CMYK 模式下得到白色，不印刷就可以了。直接露出纸张的本色。如果想要得到 RGB 的白色，那就要用 100% 的 R、G 和 B 来混合。这种情况下，RGB 和 CMYK 正好相反。如果我们需要得到 CMYK 的黑色，则不需要用 C、M 和 Y 来混合，直接用黑色即可。

理论上讲，如果 RGB 色彩模式和 CMYK 色彩模式完全相反的话，我们用 C、M 和 Y 就应该能得到黑色。但事实上，我们混合 C、M 和 Y 得不到黑色，这就是为什么印刷中我们要用黑（K）作为第四色的原因。

在 CMYK 模式下的青色和 RGB 色彩模式下的红色差不多是相反色，同样，品红色和绿色，以及黄色和蓝色也算是相反色。另外 RGB 模式下，红光和绿光的混合生成黄光，黄光和蓝光是相反色。同样，在 CMYK 模式下，青色和品红色的混合生成蓝色，蓝色和黄色是相反色。

在 PhotoShop 软件中，点击前景色，打开拾色器，在 RGB 对应的框内输入 255，255，0，结果显示的颜色是黄色；如果输入值为 255，0，255，则得到的颜色是品红色；如果输入的数值换成 0，255，255，那就得到青色。这说明，RGB 模式中包含 C、M 和 Y，它们分别是 RGB 三原色两两混合生成的间色。同样的方法，在 CMYK 对应的框内输入 100，100，0，0，可以得到近似 RGB 中的蓝色，看起来像深紫色；如果输入 100，0，100，0，结果生成绿色。虽然与 RGB 中的绿色有一定差距，但是 CMYK 混合的效果已经比较接近了。所以说，CMYK 模式里也包含 RGB 色彩，RGB 是三原色料两两混合的间色，尽管和 RGB 色光相比显得灰暗和单调。这也意味着在屏幕上我们会倾向于用明亮、饱和的 RGB 色光来表现图像。

了解了这些，我们就大致知道了引起问题的原因。100% 的青色和 100% 的品红色混合成的蓝色与 RGB 中的蓝光完全不同，色料混合的颜色远远没有色光艳丽。尽管我们尽力去模拟，但是 CMYK 的表现能力还是有限的。多数设计师没有认真对待 RGB 和 CMYK 的差异，直接把 RGB 模式下设计的作品送去印刷，结果可想而知，颜色大相径庭。

3）关于显示器的显示

你可能碰到过类似这样的情况，在显示器上调整好的图像打印出来却完全是另外一回事儿，这很可能是 RGB 模式转换为 CMYK 模式时出了问题。但是，这也不是产生这个问题的唯一原因。

当从 RGB 模式转换为 CMYK 模式时，显示器还要用 RGB 的显示方式来模拟出 CMYK 的效果，并且印刷色 CMYK 与基于光学的 RGB 原理完全不同。所以，问题就出在这个地方，显示器不可信。顺便提一句，CMYK 色域里有非常少的颜色无法用 RGB 混合生成。纯青色是其中之一，纯黄色也是。但是不用担心，既然这两个颜色是 CMYK 模式中的原色，印刷时也就不会造成什么问题了。真正的问题是 RGB 模式的色彩范围大于 CMYK 模式，用 CMYK 模式无法完全模拟出 RGB 模式所有的颜色。

4）关于色域警告

既然关于 RGB 和 CMYK 两种色彩模式的基本概念和原理都已了解，那么在实际设计中如何在这两种色彩模式之间进行转换呢？

可能会遇到这样的情况：我们在做设计的时候无意中设定了色彩模式为 RGB，并且在 PhotoShop 中选了一块很漂亮的颜色（RGB：0，0，255，是一块很漂亮的蓝色），如图 0-1，并且为了降低成本，只为客户提供了屏幕软打样（即：在屏幕上显示 CMYK 颜色），未进行喷墨打样，也没有做数码打样。但是在印刷时，使用的是 CMYK 四色来印刷的，无法印出那块漂亮的蓝色。因为这个蓝色在 CMYK 色彩模式里根本不存在。并且没有进行物理打样，输出胶片的时候直接用照排机将 RGB 颜色转换成了 CMYK 色彩，在印刷机上印出来的时候才发现，颜色完全不同。

这种做法是印刷中的大忌，显示器上看到的色彩和真正印刷出来的色彩不可能完全一样，因为有些色彩 CMYK 无法模拟出来。当然，如果知道从 RGB 模式转换到 CMYK 模式色彩会发生变化的话，可以在 RGB 模式下完成设计，然后再把色彩饱和度降低一点，这样以 CMYK 模式印刷出来也差不多可以接受。

在 PhotoShop 软件中打开拾色器，输入 RGB：0，0，255 值，可以发现对应的 CMYK 色值为：92，75，0，0。正常情况下，这个色彩印刷应该没有问题。但是如果我们在 CMYK 区域重新输入刚才这个数据（92，75，0，0），结果还和刚才选取的颜色一样吗？

图 0-2 中"复位"按钮左侧有一个彩色方框，分为上下两部分，上半部分显示的是"当前选取的颜色"，下半部分显示的是打开拾色器之前选取的颜色。而原先图 0-1 中出现的"！"标识也没有了，带有"！"的小三角形是溢色警告标识，出现该标识表明当前所选的颜色超出了

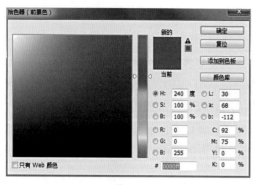

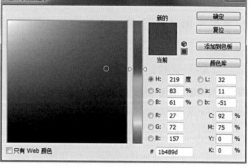

图 0-1   图 0-2

CMYK 的色域。而溢色警告标识下方的小色块标明了当前所选颜色在 CMYK 色域中最接近的颜色。准确地说，现在显示的这一小色块还不能算是印刷出来的 CMYK 色彩效果，因为显示器是以 RGB 模式呈色的，是用 RGB 色彩模式来模拟 CMYK 的效果。虽然方框有点小，看起来不方便，但是这个颜色和最初选取的颜色已经完全不同了，如果点击"溢色警告标识"按钮，就可以把当前所选颜色替换成与之最接近的 CMYK 色彩，同时"溢色警告标识"也将随之消失。

需要说明的是窗口左侧的颜色选取区域是 RGB 色彩拾色器，它的色域大大超出了 CMYK 色料所能呈现的色彩范围。

这不仅仅是 PhotoShop 软件存在的问题，几乎所有的桌面出版软件（DTP：desktop publishing）都存在类似的问题，选择的 RGB 颜色超出了 CMYK 色域的机率很大。Quark、InDesign 默认的色板都包含 RGB，并且没有色域警告标识。Illustrator 和 CorelDRAW 中可以很容易地改变 RGB 的数值，调配出想要的色彩，只有在出胶片的时候，问题才会凸显出来，除非在胶片输出之前进行数码打样。印刷行业有句老话说得很贴切：如果设计阶段出现问题，校正的成本大约是一顿午餐；如果是胶片出了问题，成本就是 10 顿午餐；如果到了印刷机上才发现问题，成本就是 100 顿午餐，并且现在的午餐更贵了。

5）关于色域

色彩空间所包含的颜色范围称为色域。整个工作流程内用到的各种不同的设备（计算机显示器、扫描仪、桌面打印机、印刷机、数码相机等）都在不同的色彩空间内运行，它们的色域各不相同。某些颜色位于计算机显示器的色域内，但不在喷墨打印机的色域内；某些颜色位于喷墨打印机的色域内，但不在计算机显示器的色域内。无法在设备上生成的颜色被视为超出该设备的色彩空间。简单地说，该颜色超出色域。在特定工作空间内编辑图像时，如果遇到超出色域的颜色，PhotoShop 会显示警告信息。

不论是专色还是 CMYK 四色，显示器显示的和实际印刷出来的效果肯定会有一定程度差距，为了尽量减小这个差距，很多时候不能以显示器为准，而应该以色谱查到的数据为准，那么，选择什么样的色谱呢？

6）关于色谱

颜色的选取确实比较困难，虽然有些参考书或者指南之类的，但有时候颜色选取也不是件很容易的事。可能最常见的色彩选取帮助手册是 Pantone 色谱，另外还有一些其他的色谱。

当你想进行 CMYK 四色印刷时，《Pantone 四色印刷配方指南》无疑是一本最合适的书。

下面的文字是引用 Pantone 公司的原文："这本以铜版纸印刷的《Pantone 四色印刷配方指南》共刊载了 3000 多种 CMYK 色彩标准。这本色彩指南里的各种色彩皆按色差排列，方便用户选择。无论是配置四色叠印色彩到文字、标志、花边、背景，以及其他图像，这本色彩指南必定是视觉参考、沟通及调控色彩的最理想工具。"

你所要做的就是从这本书里选择颜色，查看与之相对应的 CMYK 网目值，在设计软件里输入相应数据生成所需的颜色，然后就可以使用了。无须担心显示器上的色彩效果，因为可以确信印刷出来的色彩和书中选择的颜色一样，不会再有人抱怨色彩失真。

另外，由于《Pantone 四色印刷配方指南》标明的是 CMYK 四色配方，所以比一般的色谱书籍更有用。

还有一本《Pantone 四色模拟专色指南》，我们同样引用 Pantone 公司的说明原文："这本《Pantone 四色模拟专色指南》展示以四色叠印模拟 Pantone 配色系统的专业效果，虽然不少四色叠印模拟效果不错，但是由于四色印刷本身存在的局限，大部分的印刷效果总不及专色印刷漂亮。这本以铜版纸印刷的扇形色彩指南刊载了 1089 种 Pantone 专色标准，以及最接近的四色模拟效果。各个四色叠印均注有 CMYK 网目数值。"

但换句话讲，也不要期望任何一个 Pantone 配色系统里的色彩都能用 CMYK 再现，因为很多情况可能做不到。

色谱有好有坏。因为相关书籍很多，还有一些印刷商根据自己具体的四色印刷经验，自己编写相关色谱，当你把设计的作品送给这些印刷商时，印刷的色彩表现还不错。但是，如果每个印刷商都有自己的色谱也不是一件好事儿，这样不利于印刷标准化。但是，大多数的色谱描述的色块都没有叠印黑色，这可能会引起比较严重的问题。为了解决这个问题，一般色谱会用两种方法来叠加黑色。第一种方法：书中夹有一片不同黑色层次的透明胶片，把胶片放到任何一个色块上，看两者的叠加效果。这种方法从一开始，由于受到胶片透光率的影响，就使色彩有一定程度上的失真。随着时间的推移，胶片会越来越模糊，看到的效果也就越来越差。这种方法不太适合。第二种方法：每个颜色块（面积已经很小）在其中的两个边上再叠加一些黑色色块（面积更小），可以看出叠印的黑色块非常小，想分辨出具体颜色非常困难。如果你想选择包含黑色的颜色，上述两种方法都不合适，这种情况下最好选择使用《Pantone 四色印刷配方指南》。

2. 印刷纸张

只掌握色彩的知识还不算了解印刷，印刷还需要以纸张作为载体，尽管是司空见惯的纸张，里面也有大文章。

1）印刷常用的纸张

印刷品的种类繁多，具体的要求以及印刷方式各有不同，相应的印刷用的纸张也就各不相同。常见的有如下几种：

凸版纸是采用凸版印刷书籍、杂志时的主要用纸。适用于重要著作、科技图书、学术刊物和大中专教材等的正文用纸。凸版纸按纸张用料成分配比的不同，可分为1号、2号、3号和4号四个级别。纸张的号数代表纸质的好坏程度，号数越大纸质越差。凸版印刷纸特性与新闻纸相似，但又不完全相同。凸版纸的纤维组织比较均匀，同时纤维间的空隙又被一定量的填料与胶料所填充，并且还经过漂白处理，这就使得这种纸张对印刷具有较好的适应性。它的吸墨性虽不如新闻纸好，但它具有吸墨均匀的特点，抗水性能及纸张的白度均好于新闻纸。

新闻纸也叫白报纸，是报刊及书籍的主要用纸。适用于报纸、期刊、课本、连环画等正文用纸。新闻纸的特点有：纸质松轻、有较好的弹性；吸墨性能好，这就保证了油墨能较好地固着在纸面上。纸张经过压光后两面平滑，不起毛，从而使两面印迹比较清晰而饱满；有一定的机械强度；不透明性能好；适合于高速轮转机印刷。新闻纸以机械木浆（或其他化学浆）为原料生产，含有大量的木质素和其他杂质，不宜长期存放。保存时间过长，纸张会发黄变脆，抗水性能差，不宜书写等。必须使用印报油墨或书籍油墨，油墨黏度不要过高，平版印刷时必须严格控制版面水分。

胶版纸是一种较为高档的印刷纸，主要供平版（胶印）印刷机或其他印刷机印刷较高级彩色印刷品时使用，适于印制单色或多色的书刊封面、正文、插页、画报、地图、宣传画、彩色商标和各种包装品。胶版纸按纸浆料的配比分为特号、1号、2号和3号，具有较高的强度和适印性能。有单面和双面之分，还有超级压光与普通压光两个等级。胶版纸伸缩性小，对油墨的吸收均匀，平滑度好，质地紧密不透明，白度好，抗水性能强，应选用结膜型胶印油墨和质量较好的铅印油墨进行印刷。油墨的黏度也不宜过高，否则会出现脱粉、拉毛现象。还要防止背面粘脏，一般采用防脏剂、喷粉或夹衬纸的方法预防。

铜版纸又称涂布印刷纸，纸张表面光滑，白度较高，纸质纤维分布均匀，厚薄一致，伸缩性小，有较好的弹性、较强的抗水性和抗张性，对油墨的吸收性与接受状态也较好。主要用于印刷高级书刊的封面和插图、彩色画片、各种精美的商品广告、样本、商品包装、商标等。铜版纸印刷时压力不宜过大，要选用胶印树脂型油墨以及亮光油墨进行印刷。要防止背面黏脏，可采用加防脏剂、喷粉等方法预防。铜版纸包含光粉铜版纸和哑粉铜版纸，通俗上哑粉纸多指哑粉铜版纸，铜版纸多指光粉铜版纸。

凹版印刷纸洁白坚挺，具有良好的平滑度和耐水性，主要用于印刷钞票、邮票等质量要求高而又不易仿制的印刷品。

白板纸的纤维组织比较均匀，表面层具有填料与胶料的成分，而且表面涂有一定的涂料，并经过多辊压光处理，所以纸板的质地比较紧密，厚薄也比较均匀。其纸面较为洁白而平滑，具有较均匀的吸墨性，表面脱粉与掉毛现象较少，纸质较强韧而具有较好的耐折度。主要用于单面彩色印刷后制成纸盒供包装使用，抑或者用于设计、手工制品。

合成纸是利用化学原料，如烯烃类，再加入一些添加剂制作而成，具有质地柔软、抗拉力强、抗水性高、耐光耐冷热，并能抵抗化学物质的腐蚀又无环境污染、透气性好等特点，广泛地用于高级艺术品、地图、画册、高档书刊等的印刷。

2）纸张的克重

纸张的克重是指每平方米纸张的重量。有时候为了增加纸张的不透明度，故意把纸张制作得很蓬松，但其克重和压缩的纸张一样，只是厚度比较大。

3）纸张的开切

在我国，通常把一张按国家标准分切好的平板原纸称为全开纸。在以不浪费纸张、便于印刷和装订生产作业的前提下，把全开纸裁切成面积相等的若干小张，称之为多少开数；将它们装订成册，则称为多少开本。在实际生产中通常将幅面为 787mm×1092mm 的全张纸称之为正度纸；将幅面为 889mm×1194mm 的全张纸称之为大度纸。由于 787mm×1092mm 纸张的开本（图 0-3）是我国自行定义的，与国际标准不一致，因此是一种非国际升本，会被逐步淘汰。

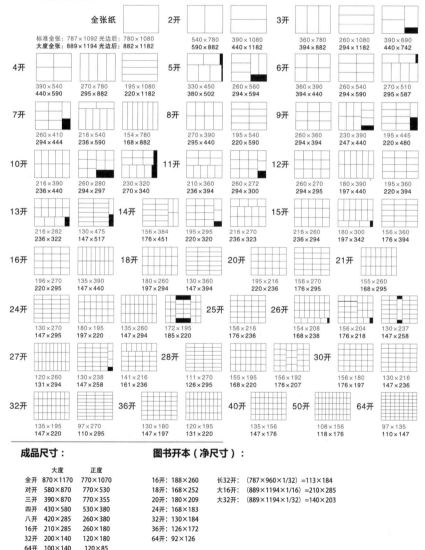

图 0-3

4）纸张的方向

另外纸张还有丝缕方向。所谓丝缕是指纸张上大部分纸张纤维的分布方向。

为了正确快速地印刷，印刷厂必须采购标准尺寸的纸张，然后直接进行印刷或者再按照要求进行裁切。如果是奇数页的印刷品，那就意味着可能会产生较多的废纸，如果按照标准的纸张开法就能降低纸张成本，同时也可以降低加工成本。另外，使用非标准的纸张尺寸也会造成纸张的浪费。不正确的丝缕方向会对折页机造成很多问题：如果是顺丝缕，纸张容易折，而垂直丝缕方向，则纸张难折；比较厚的纸张，如封面，必须顺着丝缕方向折叠，否则要进行压痕处理才能获得清晰的折线。

对于商业印刷设计而言，以上这些知识也仅仅是个开始。要想真正地掌握这门学问，还需要掌握更多更系统的专业知识。

项目一　商业卡片

项目任务

通过本章学习，读者应该掌握以下主要内容：

1）商业印刷的基本流程；

2）图文素材的收集与准备。

重点与难点

1）根据印刷品数量选择合理的工艺流程；

2）扫描的分辨率和缩放倍率的确定；

3）印刷原稿的扫描；

4）调整偏色图像。

建议学时

8学时。

商业卡片即名片。古代称为帖子，是官员、商贾、文人雅士相互拜访时呈递的简单自我介绍的书面文件。在现代，名片是身份和成就的体现，也是文化和审美的表达。名片常常代表个人和企业的第一印象，甚至会对商业活动和交际行为的成败产生关键作用。CIS导入之后，为了表达企业独特的个性和文化，名片的设计和印刷就显得更加重要了。

名片作为一种基本的交际工具，除了在商业活动中使用，在日常交际活动中也被广泛运用。换言之，即只要一个人有交际、表现愿望，不论是否从事商业活动，是否有职务，是商人还是学生，是官员还是普通公民都可以印制名片。

名片按用途分为商业名片、企事业名片、个人名片三大类。目前在中国，普遍使用的是前两种名片，后一种使用的较少，只有少数人使用，随着社会的发展，个人名片的使用将会进一步扩大和普及。

名片按材质可分为纸质名片、木质名片、过塑名片、不锈钢名片、铜质名片、贵金属名片、光盘名片等。最常用的名片是纸质名片。

名片为方寸艺术，设计精美的名片让人爱不释手，即使与接受者交往不深，别人也乐于保存；设计普通的名片则只能用来交流，在普通应酬后，很可能被人遗弃，不能发挥它应有的功效。名片设计不同于一般的平面设计，要在方寸之地施展创作，难度可想而知。名片内容分为文字与图形。文字内容有：姓名、头衔、职务与职称、工作单位、联系地址与联系方式；有时还需要列出公司的产品或服务项目以及收款账户与开户银行；如有必要还得印上公司的位置详图，及公司的企业文化标语等。

客户需要印刷名片，首先需要选择所用的纸张。名片用纸，基本上都是采用纸浆纸制成，纸浆纸品种繁多，从普通的布纹纸到高级进口纸都有，常用的有：胶版纸、铜版纸、哑粉纸、艺术纸、荷兰白卡以及其他特殊纸张。

名片按外形尺寸可分为标准名片（55mm×95mm）、窄形名片亦称女式名片（50mm×90mm、45mm×90mm）、折叠名片（90mm×95mm、50mm×145mm）、特殊尺寸形状名片四大类。国内通用的名片有普通名片与折叠名片两种。普通名片的设计尺寸为：55mm×90mm，折叠名片的设计尺寸为：90mm×95mm。

名片制作的时候每个边要加出血，尤其是在有底色的情况下，为保证产品质量，最好加上出血，一般是 3mm，为了节约纸张有时也有 2mm，或者 1mm 的情况，为了减少裁切工作量，如果裁刀的精度足够准确的话，也可以不加出血。

名片印刷一般分为单色、双色、三色、四色、专色等几种，一些公司对企业视觉识别要求非常严格，有专门的标准色出现在名片上时，常常会使用专色进行印刷，除专色印刷外，有些名片的后加工工艺也比较特殊，或需要上光、或要求圆角、或异型的名片需要压痕折叠，还有的名片不是采用纸张来做承印载体，也需要相应的后加工工艺。

印刷名片的数量，往往决定了印刷的方式。出于成本考虑，印量较少的可以采用数码印刷，印量比较大的时候可以采用传统印刷，另外还有专门的名片机，成本也很低。一般在印刷之前先核算成本，选用恰当的印刷方式。

1.1　商业印刷的基本流程

明确客户的需要后，根据自己的生产实际情况向客户报价，双方协商后签订合同，客户须交纳一定比例的预付款。制定明确的工艺方案：由于客户需求量小，采用传统印刷成本偏高，所以采用数码印刷工艺。具体过程为：素材采集——数据文件的制作——打印校正——客户确认后拼版——数码印刷输出——裁切——检验并包装，如图 1-1。

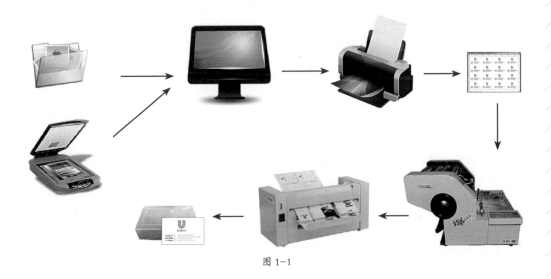

图 1-1

上面的工艺流程大致可以分为三个阶段：从一开始到客户确认都属于印前阶段，拼版到印刷出印刷品属于印中阶段，对印刷品后续加工，以及质检、包装到交付都属于印后阶段。事实上，几乎所有的商业印刷基本流程均可归为印前、印中、印后这三个阶段。印前负责印刷稿件的设计、校正到定稿等多个环节；印中负责制版、印刷这两个环节；印后负责印后加工工艺、检验、包装交付环节。

1.2 图文素材的收集与准备

明确客户所能提供的素材和必须提供的资料是非常重要的，这样便于确定下一步的制作工艺。客户提供素材和资料的方式不外乎几种：

1）直接提供可供印刷的电子文件，这种方式最简单，因为中途少了很多制作的环节，所以也最保险。

2）提供可以制作电子文件的电子素材，这种方式相对简单，省去了采集图像和输入文字时的工序，也比较省力。

3）用户直接提供原稿，需要采集图像和输入文字，采集图像后需要对图像进行处理，便于色彩还原，然后进行排版设计制作。

常见的图像采集可以通过扫描仪扫描、数码相机拍摄、网络下载等几种途径进行。

1.2.1 扫描仪扫描

目前桌面出版系统中使用的扫描仪一般有两种：平板扫描仪和滚筒扫描仪。在扫描密度、图像清晰度、图像细腻程度、工作效率、原稿适应性、放大倍数等方面，滚筒扫描仪都要优于平板扫描仪。

另外，衡量扫描仪性能的主要指标有：光学分辨率、最大分辨率、色深度和灰阶。

光学分辨率：是扫描仪的真实分辨率，从根本上决定扫描仪的性能。

最大分辨率：又称"插值精度"，是利用软件对扫描的图像进行插值运算，修补后的分辨率。

色深度：代表了扫描仪能够描述的颜色范围，从 24 位（bit）到 36 位不等，性能高的甚至可以达到 48 位，它决定了颜色还原的真实程度。24 位的色彩深度就是通常所说的"真彩色"，肉眼很难分辨出 24 位和 36 位的区别，色深度越高，扫描出来的图像质量越高。

灰阶：灰阶决定了图像从亮到暗的层次，常见的有 8 位、10 位、12 位三种。8 位灰阶就是把图像从亮到暗的变化用 2^8=256 种层次表示出来。灰阶位数越高，描述灰度的层次就越多，也就越细腻。

许多和我讨论过扫描问题的设计师告诉我，他们扫描任何原稿都是采用 300dpi，但是实在又不知道为什么采用 300dpi。事实上，300dpi 不是一个万能指标，不是适合任何情况、任何原稿的扫描分辨率的。

有两个参数决定了扫描图像包含细节的多少。一个是 dpi，决定扫描图像每英寸有多少像素。另一个是扫描时的缩放倍率。如果只确定其中一个参数，那么最终扫描得到的图像质量是无法确定的。

一幅 72dpi，尺寸为 10cm×15cm 的图像与 300dpi 同样尺寸的图像文件大小是不同的。除非同时确定分辨率和尺寸，否则所要求的图像是无法确定的。如果图像的使用者没有 PhotoShop 软件，甚至颜色模式也不符合要求的话，会感到手足无措，所以扫描图像最好是能知道图像的最终用途，再来确定扫描的相关参数。

比如，最终确定采用胶版印刷方式，我们就得根据实际条件确定需要多少 dpi 的图像。印刷使用什么样的纸张？如果是胶版纸，半色调图像的挂网线数应该不高于133lpi（注意：这里用的是 lpi：线 / 英寸，而不是 dpi），否则网线铺展会造成细节丢失。如果采用铜版纸印刷，挂网线数可以达到 150lpi，一些杂志封面甚至可以达到 175lpi 或者 200lpi。网点越小，要求的印刷精度也就越高，印刷机也就越需要不断地停机清洗。所以，挂网线数高于 150lpi 只有在印刷质量比较高的场合才使用。如果仅从视觉效果出发，无论如何我们也分辨不出 150lpi 的网点。

简单的处理方法是把最终印刷需要的挂网线数 lpi 加倍作为扫描的分辨率 dpi。扫描的分辨率经常采用 300dpi，是半色调图像在铜版纸上印刷采用的挂网线数的两倍。如果都采用 300dpi 的分辨率进行扫描，也就忽略了最终印刷是采用铜版纸还是胶版纸，因为挂网线数是照排机输出胶片时确定的。所以，如果扫描分辨率比实际需要稍微高一些也无关紧要，只是意味着数字图像中包含的细节比最后印刷出的细节略微多一些，这并不会造成什么大的问题。但是如果扫描的分辨率太低，采集的细节比印刷要求的细节还少才会真正造成问题。

另一个所需要的参数就是缩放倍率。这个只能由设计师自己来决定。当然原稿缩放倍率大小对图像复制的清晰度也有影响。缩放倍率大，图像的清晰度降低的多；缩放倍率小，清晰度降低的少。为了保证图像的复制质量，照片等反射类原稿应按照原来尺寸复制或缩小复制。135、120 等反转片类透射原稿由于表现的层次丰富、颗粒细腻，可适当放大。但如果希望得到精细的印刷品，反射稿放大倍数不应超过原来尺寸的 2 倍，透射稿不应超过 3 倍。当然，设计师很可能无法确定最终需要的图像尺寸。这时通常的做法是对所有原稿只进行 FPO（for position only）扫描，FPO 扫描图像只是为检视位置用的文件。这种低分辨率的图像在版面编辑处理时速度较快，且作为屏幕显示图像质量已经足够。设计完成之后，再去检查和确定每幅图像需要的扫描分辨率。有些广告公司会设立设计师岗位专门负责设计稿件，另外还设置了完稿岗位，专门负责将设计师设计好的稿件进一步制作成印刷用的文件。

如果扫描的是印刷原稿，会出现两个问题：

第一是版权，客户有权利使用这幅图像吗？如果客户没有使用权，你进行扫描就可能侵犯版权，所以一定要经过确认。

第二个问题是莫尔条纹，由于印刷图像是经过加网的，CMYK 四色都有一定的加网角度。如果直接进行扫描就会产生莫尔条纹，如图 1-2。

如果扫描仪比较专业，那就可以在扫描选项面板上直接选择去网模式。去网设置中会有"报纸、杂志、精美杂志、自定义"等选项，这些选项指的是原图像的网线密度。选择相应的选项决定了去网时扫描仪需要做的工作。注意：印刷原稿的网线密度和扫描仪要采用的分辨率没有任何关系。扫描分辨率决定最终扫描图像包含的像素数，而选项中的去网线数仅代表印刷原稿的加网线数，是为了使扫描仪去除龟纹而采用的补偿设置值。

如果事先知道了印刷原稿所采用的加网线数 lpi，可

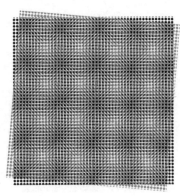

图 1-2

以从去网设置中选择"自定义"选项，然后输入相应的加网线数。如果不知道印刷原稿的加网线数，可以从去网设置中选择和扫描图像类型最接近的选项。

　　另外，一些扫描仪也可以试试下面的方法：忽略印刷原稿的加网线数，在去网设置中选择"自定义"选项，同时把去网线数值确定为"90lpi"，然后以需要的分辨率和缩放倍率进行扫描。去网线数选择 90lpi，比大多数采用 150lpi 去网线数的扫描效果还好，因为后者会有轻微的龟纹。而采用 90lpi 去网线数扫描时，不会产生龟纹，同时扫描速度也很快，如图 1-3。

图 1-3

1.2.2　调整偏色原稿

图 1-4

　　之前我们知道，RGB 和 CMYK 互为相反色，即：红色与青色互为相反色；绿色与品红色互为相反色；蓝色与黄色互为相反色。理解这一点对于调整色偏非常重要。如图 1-4，这是一幅 RGB 模式的扫描图像。很显然，这幅图像过于偏绿。了解这一点，也就找到了解决图像偏色的关键。在 RGB 模式下检查图像的单个颜色通道，可以看出，红色和蓝色通道色调分布很均匀，绿色通道明显很亮，如图 1-5，结果导致整幅图像看起来太亮并且偏绿。为了矫正图像，打开 PhotoShop 的"色阶"窗口，只选择绿色通道，拖动黑色滑块，结果如图 1-6，问题迎刃而解。

图 1-5　分别为红绿蓝三色通道各自显示的图像

图 1-6

1.3　商业卡片项目实例

下面通过一个具体实例（图 1-7）看一下商业卡片的印刷过程。

纸张：250g 名片纸

尺寸：90mm×55mm，出血：每边 3mm

工艺：数码印刷

图 1-7

1.3.1　商业卡片的印前过程

1）启动 Adobe Illustrator 软件，如图 1-8。

2）在文件菜单中选择"新建"命令，设置文档的名称为"商业卡片"，尺寸为 "90mm×55mm"，每边 3mm 出血以及 CMYK 色彩模式，如图 1-9。

图 1-8

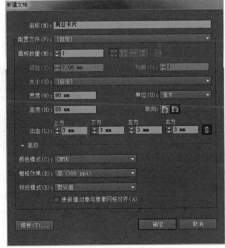

图 1-9

3）用工具面板中的文字工具在绘图区域输入"陈露茜"，并在字符面板中调整文字的大小和字体等字符属性，如图 1-10。

4）同样，用文字输入工具输入联系人的联系方式等信息，并结合字符面板调整其字符属性。通过在"变换"面板中输入数值，对绘图区域内的文字进行定位，如图 1-11。

5）选取绘图区域内的所有文字，在"颜色"面板中设置其颜色为 c0、m0、y0、k90，如图 1-12。

6）用矩形工具在两部分文字之间加入分割线，并在"变换"面板中设置大小、位置。同上一步在"颜色"面板中设置其颜色为 c0、m0、y0、k90。

7）打开文件菜单，选择"置入"命令。在打开的对话框中选择相应的文件夹，选取需要置入的文件"标志 -cmyk.eps"，然后点击"置入"，如图 1-13。

图 1-10

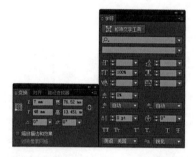

图 1-11

图 1-12

8）通过在"变换"面板中输入数值，对绘图区域内的标志进行定位，如图 1-14。

9）到此，名片就做好了，点击"文件"菜单下的"保存"命令，存储文件为"商业卡片 .ai"。

10）用打印机打印设计稿，并认真校对，发现有错误，及时改正。

11）确认无误后，请客户在打印稿上签字，作为后续制作的依据。

12）选中文件中的文字，点右键，在弹出菜单中选择"创建轮廓"，把文字转换为曲线，如图 1-15。

13）接下来的工作就是拼版，由于此例中名片需求量小，采用数码印刷的方式成本低，于是拼版也要按照数码印刷的规格进行。在 Adobe Illustrator 软件中，使用画板工具，在选项栏中调整画板属性：以画板左上角为基准，设置 X0、Y0，宽297mm、高 420mm，使画板扩展为 A3 大小，如图 1-16。

14）选中当前名片中的所有对象，编组（ctrl+G），并通过选择工具进行移动复制，阵列为 3×7 的组合，如图 1-17。

15）在出血区域外标示出裁切标准线，如图 1-18。

16）最后，将所有对象全选、编组、居中对齐画板，如图 1-19。

确认拼版后的文件正确无误后，使用数码印刷机印刷。

1.3.2 商业卡片的印后加工

印刷好的印品，经常会有一些特殊的加工工艺，如烫印、压凹凸等，这里我们介绍一下烫印。

图 1-13

图 1-14

图 1-15

图 1-16

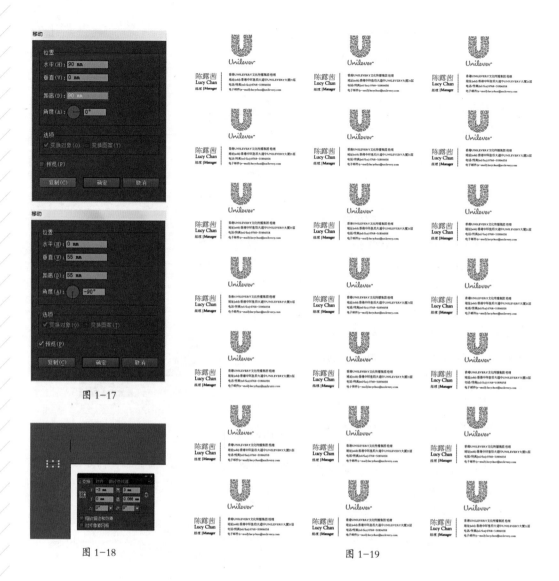

图 1-17

图 1-18

图 1-19

1.3.2.1　烫印

1）烫印和压凹凸使用的是同一台设备。开机前工作先调整高度。向下扳动手柄，如果传热板与工作台紧贴便可，否则调节螺母进行调整。顺时针方向调高传热板，逆时针方向调低传热板，调节前必须先松开锁紧螺母，调节后重新紧好锁紧螺母，如图 1-20。

2）调节传热板温度：开机后将温度控制器调到 100℃，待 12~18 分钟后，右上角的红灯熄灭即表示传热板已达到所需温度（烫金期间，可以看到右面的红灯经常亮熄交替）。注意上紧传热板固定螺丝，以保证传热板顺利加温。请尽量使用传热板中心位置进行烫印，如图 1-21。

3）上烫印：拉出工作台，在烫印版背面均匀地涂上白乳胶，然后贴上一张比烫印版稍大的复印纸，同时在此复印纸上均匀涂上白乳胶，背面向上把烫印版放在工作台适当位置，将工作台向内推进，按下手柄，令传热板与烫金版紧压 60 秒左右，拉起手柄，烫印版已经上好（也可使用高温双面胶代替乳胶），如图 1-22。

图 1-20

图 1-21

图 1-22

4）检查高度，放上印件，查看传热板与工作台之间高度是否适合，如果印件较厚，则需按开机前调整高度的方法，调节螺母，校正高度，如图1-23。

5）如需要更换传热板，松开发热板固定螺丝，将两个隔热把手安装在传热板的螺孔中，拉出传热板，把已经上好的烫印版或加大型传热板放回原来的位置即可。

6）安装烫金纸：松开固定螺丝取出烫金纸挡圈，把烫金纸套入烫金纸定位杆内，装回烫金纸挡圈，上紧固定螺丝，完成烫金纸定位，注意烫金纸安装位置必须与烫金版位置配合，如图1-24。

7）拉纸上架，先绕过烫金纸定位杆再跨过定位杆，然后在卷纸辊及压纸辊之间穿过。逆时针转动小手轮将烫金纸拉直。

图 1-23

图 1-24

图 1-25

注意：

（1）烫金纸着色面必须向上。

（2）调节左右定位杆，可控制烫金纸高低位置，烫金纸位置以远离传热板而又不影响工作台进出最佳。

8）烫金：固定印件位置，用胶贴一张比印件大的垫纸在工作台上，不光滑面向下为宜。拉出工作台，根据印件大小及图案位置用笔在垫纸上画好印件边缘，以便放入印件。这样印件位置便可固定了。压下烫金手柄，压到底保持 2~4 秒，迅速抬起，烫金完成，如图 1-25。

1.3.2.2　裁切

印后加工结束后，对产品进行裁切，如图 1-26。

1）插上电源插头，接通电源，打开电源开关及对刀线开关，裁切对刀线灯亮起，机器进入工作的准备状态。

2）然后把一叠整齐的裁切物放在工作台上，靠紧左侧或右侧挡纸板及推纸器的前平面上。

3）再启动推纸器进退的转换开关，移动推纸器，接近所需尺寸时，可以使用微调手轮微量调节。在推纸器进退移动操作时，数显指示面板的数字随着不断变换。

4）接着，双手同时按住左右手按钮开关，切纸刀片随着刀床下降进行纸张裁切（因有安全联锁装置，所以如果左右手动作不同步，或只按住其中一只按钮开关，切刀都不会下切）。

5）进行裁切时，直到裁切刀下降停止，

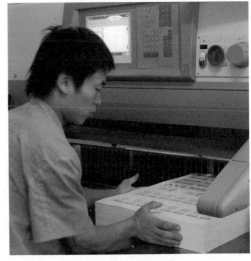

图 1-26

22　商业印刷设计

才能放开双手，使裁切刀回到顶点，压纸器亦随之上升，操作者就可以取出被裁切物品，完成一次工作循环。

　　将印刷好的活件沿裁切线裁切好，分别检验合格后包装即可。这样，整个商业卡片的制作就完成了。

项目小结

通过此章学习，我们了解到：

1）商业卡片的设计印刷过程；

2）商业印刷的基本流程；

3）图文采集的途径和相关知识。

课后练习

1）商业印刷的基本流程是什么？

2）如何确定扫描分辨率？

3）在扫描时需要设置哪些参数，这些参数分别会对扫描质量产生什么影响？

4）为何要设定印刷原稿的去网参数，该如何设定？

5）如果一幅图像经过分析后得出结论偏红，扫描后如何通过 PhotoShop 进行修正？

6）为自己设计一款名片。

项目二　宣传单页（DM 直邮）

项目任务

通过本章学习，读者应该掌握以下主要内容：

1）宣传单页的印前设计；

2）多软件协同工作；

3）出血、图像优化、分辨率、文件格式等的设置。

重点与难点

1）印前设计中的多软件协同工作；

2）出血、分辨率、图像的优化、适合印刷的文件格式等的设置。

建议学时

16学时。

这里讲的宣传单页主要指直邮广告，即DM。DM是英文Direct Mail的简写，即直接邮递，也称直邮广告，是指通过邮政系统将广告直接送给广告受众的广告形式，在社区公众和市场虽大但顾客分散的情况下，DM广告发挥着其他广告形式不能取代的作用，是国际经济舞台上比较常见的广告形式之一。其种类繁多，常见形式有：销售函件、商品目录、商品说明书、小册子、名片、明信片以及传单等。国内DM广告泛指专送广告，利用专人投递网络，将客户不同的广告信息以各种形式进行全国联网发布或地方区域范围的单独发布，具有针对性强、覆盖面广、内容集中、制作简便、费用低廉、视觉效果好、容易保存等特点，深受国内知名商业、企业的欢迎。

DM起源于几千年以前的古埃及。目前，我国有近60%的企业认知DM广告，浙江地区的大中小企业曾90%以上运用商函来推销产品，而且都取到了明显的促销作用。DM作为广告投入只及电视传媒的2%、报刊传媒的10%，但是营业收入增幅达30%左右，因而，其投入产出比较令企业满意，中小型企业对此尤具好感和使用欲望。因DM的设计表现自由度高、运用范围广，所以表现形式也呈现了多样化。

DM的派发形式：

1）邮寄：按会员地址邮寄给过去3个月内有消费记录的会员（邮寄份数依各店实际会员数而定）。

2）夹报：夹在当地畅销报纸中进行投递（夹报费用为0.10~0.20元/张）。

3）上门投递：组织员工将DM投送至生活社区居民家中。

4）街头派发：组织人员在车站、十字路口、农贸市场散发。

5）店内派发：快讯上档前二日，由客服部在店内派发。

纸张：由于直邮广告对纸张的要求不是很高，所以最多选择的是80g或105g的铜版纸或轻涂纸，也可考虑用双胶纸印刷。

尺寸：通常选用大度16开（210mm×285mm）或大度8开（420mm×285mm），与账单随寄的一般选用16开的1/3大小。

装订方式：通常单页DM不需要装订，有的需要折叠，还有一些做成册子的DM一般选用骑马订，极少数的也采用平订。

印刷数量往往决定了印刷的方式。一般 DM 印量都比较大，可以采用传统胶印。

在设计制作过程中，会涉及以下几个问题。

2.1 关于出血

出血是指印刷中加大产品外尺寸的图案，在裁切位加一些图案的延伸，专门给各生产工序在其工艺公差范围内使用，以避免裁切后的成品露白边或裁到内容。在制作的时候我们就分为设计尺寸和成品尺寸，设计尺寸总是比成品尺寸大，大出来的边是要在印刷后裁切掉的，这个要印出来并裁切掉的部分就称为出血或出血位。一般情况下需要做出血的每边放大3mm，具体情况可以具体分析。印刷品边缘全白色无图文，不用出血；边缘如果有图文，就需要出血。

2.2 关于图像优化

有时候，不得已也要从网络下载一些图像来进行印刷。其实这并不是一个好主意，抛开图像精度不说，很有可能会受到诉讼。所以，首先要确认得到版权所有者的特许，否则代价会很大。假如你有幸得到版权特许，还应该利用这个机会争取更高质量的图像。因为下载的图像大多都不适合印刷输出。主要有几个原因：网页图像都是 RGB 模式，并且几乎都是 jpeg格式或者 gif 格式，分辨率一般都是 72dpi（这个分辨率对于印刷来说实在是太小了），除非为了增加分辨率把图像缩小。当然，如果是 jpeg 图像还可以进行优化。

图像的优化并不是一个通用的方法。如果你发现使用的图像质量还不错，那是很幸运的事儿。如果图像质量不高，那优化的图像也算是不错的替代选择，至少比那些为了缩减文件大小而采用低质量标准存储的 jpeg 图像幸运一点，因为保存为低质量的 jpeg 格式的图像会被严重破坏。优化虽然缩减文件大小的程度更大，但是说也奇怪，图像的外观和原图反而更接近。

图像有我们可以看得到的表面外观，同时还有我们看不到的深层内容。如果以低质量格式来存储，就会失去大量表面细节，最后的图像就会失真；相反，如果对图像进行优化处理，削减的只是深层看不到的信息，而表面几乎没有受到影响。如果迫不得已使用网页图像，可以使用经过精心优化的，而不是那些由于存储为低质量图像而被严重损坏的图像。

如果打算把图像用到印刷文件中进行印刷，也就没有必要对图像进行优化。但是，如果需要以 E-mail 附件的方式发送一个高质量的屏幕软打样，优化图像就非常有用。

在 PhotoShop 软件中，可使用"文件 / 存储为 web 所用格式"命令，在弹出的窗口中，选择上面的"双联"标签项，如图 2-1。在原图的右边会出现其复制的图像，每幅图像的底部是图像格式和文件大小的信息。在窗口右边"预设"区域，文件格式选为"jpeg"。下面五个质量标准设置，可以使用右边的百分比滑块调整质量标准。当对图像质量进行调整时，文件大

图 2-1

小以及下载时间也会直接更新。同时，选择相应的设置时，复制的图像会随时发生改变，便于和左边的原图进行效果比照。当对图像的文件大小和画面质量都比较满意时，可以直接保存，然后为文件命名并选择存储位置。

2.3 关于分辨率

所谓分辨率指的是单位尺寸内所包含的点（像素）数。通常情况下，Mac 机固定分辨率为 72dpi，PC 电脑的分辨率是 96dpi。Dpi 仅仅指显示分辨率，这也是网页图像需要 72dpi 分辨率的原因。72dpi 是两种系统共同的最低分辨率。

如果你在印刷页面排版中使用了 300dpi 的图像，即 300 像素 / 英寸的图像及矢量文字，尽管可以使用"放大"工具查看页面细节，但显示器也只能以 72dpi 或者 96dpi 的分辨率显示；如果你将刚才的页面在激光打印机上打印，最可能采用的打印分辨率是 600dpi。也就是说，纸张上的墨点大小约为 1/600 英寸。这个分辨率和页面排版中使用对象的分辨率没有关系，只是决定了打印后纸张上的图文所表现的细节层次。同样的道理，喷墨打印机一般分辨率为 1440dpi，甚至更高。这也代表喷墨打印机喷出的墨滴大小，而这个分辨率同样和图像或文本的数字分辨率没有关系。用于胶片输出或者 dtp 的照排机的分辨率能达到 2400dpi，甚至更高。最后，通过页面中的 300dpi 的图像生成的半色调图像由大小不等的网点组成。半色调图像的分辨率以 lpi 或网线来表示，代表每英寸有多少行半色调网点。

2.4　图像放大

从刚才的分辨率概念我们可以看出，网页图像的分辨率远远低于印刷所需的分辨率。如果以与网页图像相同尺寸来用于印刷，差别是非常大的（1 平方英寸网页图像所包含的总像素数为 72×72=5184，而印刷 1 平方英寸图像所需的总像素数是 300×300=90000，网页图像总像素数仅仅是印刷图像的 1/17）。很多时候就需要将网页图像硬生生地放大才好。有些专业软件在放大图像方面比 PhotoShop 功能更强大。

On one perfect resize 是这方面的佼佼者。这款软件是大名鼎鼎的 Genuine Fractals Print Pro 的升级版本。可以脱离 Adobe 独立使用。由于网页图像本身已经经过有损压缩，所以不能再有任何损失。Perfect resize 放大图像时会尽量保持图像细节的清晰度，并会增加之前不存在的表面细节。最终得到的图像不仅更清晰、更明朗，同时图像尺寸更大，甚至可以直接用于印刷。图 2-2 是同一幅图像，用不同软件处理后的情况，可以看出：原稿（72dpi）放大显示比率时，会出现比较明显的马赛克现象；而直接用 PhotoShop 软件中"图像 / 图像大小"命令，放大到 300dpi 时，图像过渡不自然，略显模糊；第三幅图像是用 perfect resize 软件放大到 300dpi 的，图像边缘清晰，过渡自然，尽管整个图像略显细节不足，但是比起前两者而言已经出色很多。

值得一提的是，使用网页下载的 jpeg 图像常常会由于严重的压缩而出现块状的非自然色彩，去除这种效果是件既费力、效果又不太能令人满意的事情。Perfect resize 以及类似的软件会轻松地处理好这些瑕疵，甚至比在 72dpi 时效果还好，毕竟转换后分辨率变高了，回旋余地也相应地更大了。

原稿（72dpi）

photoshop直接放大的图像（300dpi）

perfect resize放大的图像（300dpi）

图 2-2

2.5   文件格式

印刷中可以使用的图像格式，只有两种是比较合适的，第一个是 tiff 格式，另一个是各种形式的 EPS 格式。其他格式的文件最好不用。

Tiff 格式，全称是 Tagged Image File Format，意为带标记的图像文件格式，tiff（pc 机上简写为 tif 格式）文件支持多种图像模式，从简单的位图图像、灰度图像到 RGB 图像或 CMYK 图像。并且使用非常广泛，允许保存的数据也很全面，排版软件、图形软件、专业数码相机均支持这种格式。重要的是，tiff 文件中每个像素都可以在给定的图像范围下，利用色彩特征描述文件以任何需要的方式进行量化。未压缩的 tiff 图像，文件会非常大，一幅 300dpi 分辨率的，A4 大小的 CMYK 图像，其数据量大小约为 30~40M。在 PhotoShop 软件中可以采用 LZW 无损压缩方法存储 tiff 图像文件。虽然可以节省磁盘空间，但是采用 LZW 压缩有时会给印刷带来麻烦，所以排版时不要使用 LZW 压缩的 tiff 文件。尽管 tiff 文件格式可以存储多图层，但是多图层的 tiff 图像在排版时可能会出现问题。解决这个问题的办法最好是：将多图层文件存储为 psd 格式，而把拼合后的单层图像存储为 tiff 格式。另外，tiff 格式还有其他几个特点：第一，输出要求比较简单。甚至不需要 PostScript 打印机输出；第二，记录信息详细。每一个 tiff 格式文件能描述的信息可以比其他图像格式多得多，这也是该格式在各领域广泛应用的主要原因；第三，支持 Alpha 通道。在图像处理过程中可以把重要信息保存在通道内；第四，tiff 文件的稳定性很高。但是，tiff 格式不支持双色调图像，这是 tiff 与 eps 格式的重要区别。

EPS 格式，全称是 Encapsulated PostScript 格式。EPS 文件有两种基本类型：矢量图和位图。位图 eps 文件和 tiff 文件相似，都与分辨率相关，文件创建后放大到一定程度会有马赛克现象。但是，如果 eps 矢量文件存储的是矢量图形，与分辨率无关，可以缩放到任意大小。即使文件创建时尺寸很小，但同样可以放大到汽车或者飞机的车体大小，并且和原图具有一样的清晰度。更好的是，这两种格式都支持透明背景，所以可以导入到页面排版软件中，放在其他色彩的背景上而不会造成任何问题。同时，用矢量图形软件创建的 eps 矢量文件非常小。

另外 EPS 格式也有一些缺点。主要的排版软件 Quark、Pagemaker 和 InDesign 都不能显示真正的 EPS 图像，仅能显示图像文件头（以 PostScript 编码为基础的低分辨率的 tiff 图像），大致可以看出图像的位置以及粗略的效果。这就意味着排版的时候看到的只是低分辨率的图像，真正的高质量图像只有在使用 PostScript 打印机进行栅格化处理（RIP）的时候才会得到。由于此弱点，很多设计师宁可选用 tiff 格式。

2.6   宣传单页（DM 直邮）项目实例

通过下面的例子（图 2-3），大家可以了解 PhotoShop 和 Illustrator 软件协同工作的方式。

1）启动 Adobe PhotoShop CS3，如图 2-4。

2）从文件菜单中选择"新建"命令，在弹出的对话框中命名"DM"，新建一个 21.6cm×29.1cm，300dpi，CMYK 色彩模式的图像，如图 2-5。

图 2-3

图 2-4

图 2-5

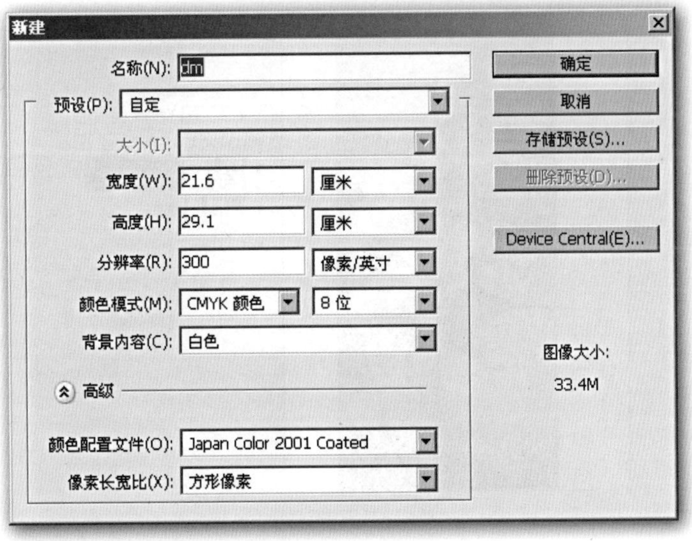

3）打开内容为荷花的两个素材文件，并用移动工具分别将素材画面拖到"DM"文件的绘图区域内，这时，文件图层面板中出现了两个图层，将两个图层中的图像右端对齐，如图2-6。

4）对图层1添加矢量蒙版，使图层1和图层2上的内容保持宽度一致。对图层2添加矢量蒙版，使两个图层之间的过渡自然，如图2-7。

5）更改图层1和图层2的叠加方式为"明度"，如图2-8。

6）新建图层3，置于图层1下，并设置前景色为c100、m10、y40、k0，背景色为c0、m0、y0、k100，选择渐变工具，打开渐变编辑器，在40%的位置添加色标，设置色彩为c0、m0、y0、k100，如图2-9。

图 2-6

图 2-7

图 2-8

7）在图层 3 上拉出线性渐变，如图 2-10，宽度为图层 1 蒙版的宽度。

8）新建图层 4，ctrl+ 左键单击图层 3，载入图层 3 的选区，在图层 4 上填充 c51、m27、y68，并添加矢量蒙版，使用渐变工具对蒙版进行调整，使画面颜色过渡自然，如图 2-11。

9）在图层 2 上方新建图层 5，同上一步骤，载入图层 3 的选区，填充颜色 c27、y11，将图层叠加模式改为"颜色"，并添加矢量蒙版，使用渐变工具对蒙版进行调整，使画面颜色过渡自然，如图 2-12。

10）从另一素材文件中拷贝一段树枝置于图像的右下角，这时图层面板中出现"图层 6"，如图 2-13。

11）复制图层 6，图层面板出现"图层 6 副本"，选取"编辑"菜单中的

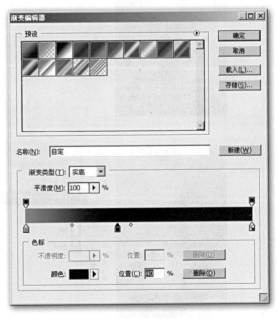

图 2-9

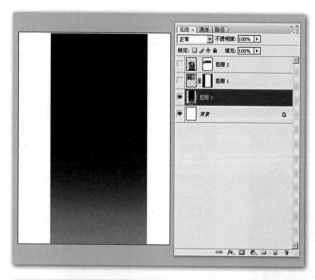

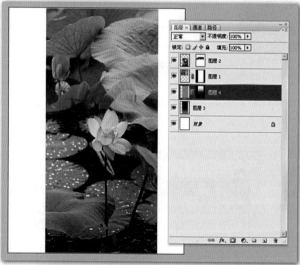

图 2-10
图 2-11
图 2-12

图 2-13

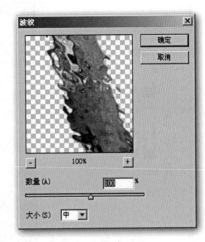

图 2-14

"自由变换"命令，将图层6副本上的树枝作斜切变换，然后用"滤镜"菜单中的"扭曲"选项中的"波纹"命令，弹出对话框，如图2-14，作树枝在水中的效果。再将图层的透明度改为51%。

12）从另一素材文件中复制鹭鸟的形象，粘贴到树枝上部，这时图层面板上出现图层7，如图2-15。

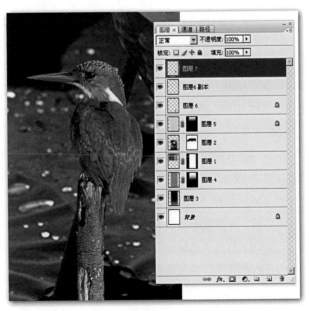

图 2-15

图 2-16

图 2-17

图 2-18

13）在图层 7 下面新建图层 8，载入图层 7 的选区，羽化 20，然后在图层 8 上填充纯黑色，取消选区，用移动工具将图层 8 稍微向右下移动，制造鹭鸟和荷叶之间的纵深感，如图 2-16。

14）从另一素材文件中复制几条小鱼的形象，随机地摆放在河水中。根据距离远近，分别设置其图层透明度为 50%、80%、90%。

15）沿图像内容边缘对图像进行裁切。最后保存为 DM.tif 文件，如图 2-17。

16）将鹭鸟、树枝，以及水中的树枝三个图层之外的其他图层删掉，并裁切画面，合并图层，保存为鹭鸟 .tif，备用，如图 2-18。

17）启 动 Adobe Illustrator CS3 软 件， 新 建 216mm×291mm 的 CMYK 文档，命名为 DM。

18）在绘图区域内 x=3、x=213、y=3、y=288 的位置分别建立参考线，如图 2-19。

19）打开"文件"菜单下的"置入"命令，将"DM.tif"置入到绘图区域，并设置图像的大小和位置，如图 2-20。

20）打开"边框 .ai"文件，复制墨迹，粘贴到"DM.tif"绘图区域，围在图像周围，制造残破效果，如图 2-21。

21）用圆角矩形工具在绘图区域左上方绘制矩形，宽 10mm、高 60mm、圆角半径 2mm，填充 m5、y30、k60，如图 2-22。

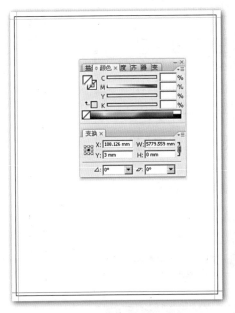

图 2-19

图 2-20

图 2-21

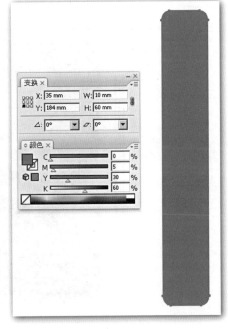

图 2-22

图 2-23

图 2-24

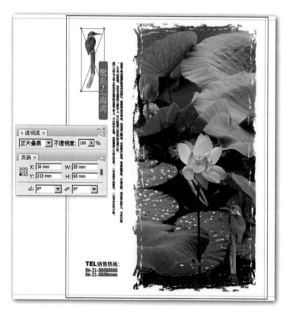

图 2-25

22）在圆角矩形上输入文字，"鹭岛·北海湾"，设置字体和行距，并与圆角矩形中心对齐，填色为 c5、y10、k10，如图 2-23。

23）在圆角矩形右边输入直排文字如图 2-24。设置其填充色为 90%K（注意：一些办公软件置入的文字默认采用套版色黑色，需要改为 c0、m0、y0、k90）。

24）在页面左下角输入销售热线。

25）置入"鹭鸟.tif"文件，沿垂直方向作对称，在透明度面板中设置叠加方式为"正片叠底"，并放置到页面左上角，如图 2-25。

26）用矩形工具作矩形，充满页面，并置于底层，填充c5、y10、k10，选择图像周围的墨迹边框，填充c5、y10、k10，最终效果如图2-26。

27）用前面的方法，作DM单页的另一面，最后将两个页面拷贝到一起，并在页面裁切处作裁切线，如图2-27。

图 2-26

图 2-27

COMMERCIAL PRINTING DESIGN

项目小结

通过此章学习，我们了解到：

1）宣传单页的印前设计；

2）图像处理软件和图形编辑软件协同工作的方式；

3）出血设置、图像优化、分辨率、文件格式等印刷过程中需要进行的处理。

课后练习

1）什么是出血，如何设置出血？

2）为什么要进行图像优化？

3）网络下载的图像像素不足，如何放大？

4）分辨率的定义是什么？常见的设备有哪些分辨率？

5）用于印刷的好的图像文件格式是哪几种？

6）熟练运用图像处理软件和图形编辑软件协同工作，并利用本章所学设计一份 DM 直邮宣传单页。

项目三　封套

项目任务

通过本章学习，读者应该掌握以下主要内容：

1）封套的印前设计；

2）封套的典型形式与结构；

3）胶片制版、CTP制版及印刷新技术相关知识；

4）网点大小、形状、加网线数及加网角度等。

重点与难点

1）调幅加网技术的网点形状、网点大小、加网线数以及加网角度；

2）灵活掌握封套结构。

建议学时

16学时。

封套是指书信或书籍的厚纸外套。旧指盛文件、书信或钱物的封筒，今多指装文件、书刊等用的套子。封套的用途是将单页或样本插入封套内，形成整合的一套文件材料。

封套尺寸通常为6开或4开封套，一般封套的尺寸要稍大于所插物的尺寸，如所插的内容较多，还需留一定的厚度。

封套通常选用200g、250g或300g等较厚的纸张。纸张类型可选择铜版/哑粉纸、卡纸或艺术纸等。一般尺寸为220mm×305mm。

封套在印刷后都需覆膜或过油来保护油墨及提高强度。印刷完成后，通过模切及黏合最后制成封套。有的封套插口还可以添加用于固定卡片的结构，也可选择做右边一个或左右两个插口。

除了结构，封套与其他类型的印刷品没有本质上的区别，所以我们先来了解一下印刷制版工艺。

3.1 印刷制版工艺

当印前设计稿经过客户确认后，就可以联系印刷提供商进行制版印刷以及印后加工了。当前比较常见的制版工艺有两类：一种是利用胶片制版，另一种是计算机直接制版。

3.1.1 胶片印刷

在胶片印刷中，印版上的图像是通过照相方法生成的。典型的平印版是以铝皮或铝材为基板，上面涂布感光乳剂。曝光后的印版通过显影，图文部分形成亲油层，而空白部分形成亲水层。通过润版系统精确控制水墨平衡,保证着墨的图文部分和着水的空白部分不相互影响，最终生成精美的印刷图像。

平版制版工艺流程如下，假设现在我们已经设计好整个印刷图文，并进行了照相。胶片要么是通过激光照排机输出，要么是通过相对传统的流程如排校样、暗房、拼大版（拼大版是把各个小版组合成完整的印版）输出。然后把胶片（乳剂面向下）和印版（感光乳剂面向上）紧密接触，通过接触曝光的方法，将胶片上的图文信息传递到板材上。曝光是在真空晒版机玻璃板台上完成的，在曝光之前，必须用抽真空机抽净胶片和印版之间的空气确保图文阶调的转移。如果在玻璃间混入灰尘或杂质便会造成压力不均匀，就会出现牛顿环现象。这些深色的、彩虹般的同心圆随后会对印版质量造成很多问题。如果在半色调图像的中间调区域掺入了杂质，就会造成印版上的图像失真。所以操作时必须仔细检查，防止牛顿环现象的发生。如果出现类似现象，必须关掉抽真空机，等压力平衡后，掀开盖子，清除灰尘。整个工作台清洁完成后，就可以开始曝光，印版上的乳化剂经过紫外线曝光后硬化，通过显影，硬化的图文部分被留下，空白部分被清洗掉。

至于印版采用的材料和工艺，世界各地也有些差别。在美国，阴图底片和阴图版应用比较普遍，而欧洲和远东地区则更倾向于阳图版。这两种方法也没有太大区别。阴图版常常涂有一层薄薄的阿拉伯树胶作为保护层；而阳图版上的图像还要进行再曝光，显影之后不能立即使用。阴图版耐印力不高，在印长版活儿的时候需要更换印版；而阳图版耐印力能达到 10万印。当然，具体材料不同，印版表现出来的特性也不尽相同。

胶片和印版显影机的应用现在很普及，显影机的使用省去了手工制版和胶片显影过程中的很多麻烦。显影时影响印版质量的因素有很多：显影液需要循环搅拌以提高显影速度和显影均匀性，显影温度要控制在最佳水平，显影时间要调整到合适长度，就如传统的显影、定影和清洗工序一样。在 CTP 和直接成像流程中也广泛使用印版显影机，并彻底实现了无胶片印刷。

3.1.2　无胶片印刷

1）计算机直接制版（CTP，computer to plate），所谓的 CTP 技术就是将编辑好的数字化文件直接用于制版，而不再经过胶片工序的技术。由于不再使用胶片，避免了胶片到印版过程中杂质与灰尘带来的制版缺陷，也避免了昂贵费事的修版。另一方面，由于减少了图像在物理介质间转移的工序，避免了制版过程中许多变数，再也不必为胶片引起的定位不准、网点扩大等问题而困扰。印刷图像更加清晰，套印更加精确。此外，由于减少了胶片和化学溶剂的使用，整个制版流程也更加环保。

然而，印刷提供商对新技术往往显得比较谨慎，造成新技术的传播和发展缓慢。所以，目前全球印刷行业中以胶片为基础的平版印刷还是很普遍的。CTP 技术的优势和产生的效益显而易见，我们相信，随着时间的推移，越来越多的人会选择 CTP 系统，传统的工艺会逐步被淘汰。但目前来看，这个转变还需要一段时间。

2）计算机直接成像（DI，direct imaging）技术相对于 CTP 技术更进一步，不仅彻底实现了无胶片工艺，印版本身也是通过一排激光直接在机成像。图文部分就像传统印刷工艺一样着墨，这意味着印刷之前印版已经精确定位，不需要进一步定位调整，准备周期大大缩短，这是计算机直接成像技术最大的优势，在要求周转快速的短版市场具备很强的竞争力。

CTP 技术给印刷带来的革命是省去了胶片，由此带动印刷质量的提高，成本的降低以及周转时间的缩短。而计算机直接成像技术最大的优势则在于工艺更简单，直接把数字信息传到印刷机上。印刷机直接接受来自印前系统的 PostScript 数据，通过光栅图像处理器转换成位图文件数据，在印版滚筒上直接成像，省去了传统胶印机中的胶片、PS 版曝光、显影等工序。

不过接下来的问题是：计算机直接成像技术需要有直接成像的印刷机配合，而 CTP 技术是可以和传统印刷机配合使用。因此 DI 技术的更新，会直接导致成本大幅提高。

3）数字化印刷就是利用印前系统将图文信息传输到数字印刷机直接进行印刷的一种新型印刷技术。相对来讲，数字化印刷本身更接近激光打印机，而不是传统的胶版印刷机之类的。数字化印刷摒弃了传统油墨，使用墨粉或者液体油墨。图文信息通过静电成像在光导鼓上，不再使用印版。这意味着：一、印刷单价不会因为印量的增加而降低；二、光导鼓上的信息是可变的，前后两页内容可以完全不一样，即能实现可变数据的印刷。这样，数字印刷机就可以实现按需印刷，如多页稿的单本印刷。这对经常要为客户进行高质量打样的设计师来说是个不错的选择。

但是不要希望可以在传统印刷车间看到数字印刷设备，因为这两者是完全不同的，它们需要不同的操作和管理环境。数字化印刷在个性化印刷、短版快速印刷等领域的应用具有领先优势。数字化印刷针对具体工作依赖尽可能有效的工作流程，如电子邮件、电子商务、组织设计、图像处理、印刷操作等。所以，数字印刷有不同于传统印刷的特定客户群体。

不论采用哪一种印刷方式，印刷的基本原理都是一样的。都需要将所印刷的文件分色，制版……谈印版就不能不提网点，目前应用最多的就是调幅加网技术。

3.2 调幅加网技术

原稿图像上从高光到暗调部分以连续密度形成的浓淡层次称为连续调。而在印刷复制过程中，由于印版转移到承印物上的油墨层的厚薄不可能对应原稿丰富的阶调层次而发生连续变化，因此只能改变图像基本单元内着墨面积的多少来表示连续调的层次。也就是将连续调原稿以一定的方法分解成许多小单元，每个小单元根据原稿的色彩和阶调变成着墨和非着墨部分。这些小单元有组织地均匀排列，形成视觉上完整的、有明暗层次变化的图像，即半色调图像，组成半色调图像的基础就是网点。网点的形态和特征将决定到最终印刷品的色彩和阶调表现。

调幅网点是目前使用最广泛的一种网点。其原理是通过调整网点的大小来表现色彩的深浅，从而实现色调的过渡。在印刷中，调幅网点的使用主要需要考虑网点大小、网点形状、加网线数和加网角度等因素。

3.2.1 网点大小

网点大小是由网点的覆盖率决定的，也称着墨率。一般习惯上用"成"作为衡量单位。10% 覆盖率的网点称为"一成网点"，以此类推。另外，覆盖率为 0 的网点称为"绝网"，覆盖率为 100% 的网点称为"实地"。印刷品的阶调一般划分为三个层次：亮调、中间调和暗调。

亮调部分的网点覆盖率为10%~30%，中间调部分的网点覆盖率为31%~70%，暗调部分则为71%~90%，绝网和实地部分是另外划分的。

3.2.2 网点形状

网点形状是指单个网点的几何形状。网点形状关系到印刷品表现不同图像层次时的视觉效果。印刷中的网点形状不只是大家想象中的单一圆形。传统的加网方法使用的网点形状可以分为：方形、圆形、菱形等。现在数字加网技术可选择的网点形状更多。

3.2.3 加网线数

加网线数的大小决定了图像的精细程度，常见的加网线数的单位是线数/英寸（lpi）或线数/厘米（l/cm）。加网线数的选择主要取决于3个因素。首先是视距的远近。在不同视距下观察印刷品时，人眼对层次的反应是不同的。视觉距离近时网点要细，视距远时网点可以粗些；其次影响的因素是纸张质量。纸张的各项适印性对网点的影响很大，一般而言，质量较高的纸张才值得选择较高的加网线数；第三个影响因素是印刷品所要求的精细程度。除此之外，加网线数还与扫描线数、输出分辨率等有关。常见的印刷品的加网线数如下：

10~120lpi：低品质印刷，远距离观看的海报、招贴等面积比较大的印刷品。一般使用新闻纸、胶版纸来印刷，有时也使用低克数的哑粉纸和铜版纸；

150lpi：普通四色印刷一般都采用此精度，各类纸张都有；

175~200lpi：精美画册、画报等，多使用铜版纸印刷；

250~300lpi：最高要求的画册等，多数用高级铜版纸和特种纸印刷。

3.2.4 加网角度

我们在印刷时，首先要将计算机里的图文文件通过光栅化处理（RIP）解释成照排机能够记录的点阵信息，然后控制照排机将图像点阵信息记录在胶片上，即把所有像素信息转换成半色调网点。无论采用网屏还是软件，最终的结果都是生成由网点组成的垂直交叉的网线。单色印刷比较简单，而多色印刷的时候就意味着一种颜色的网屏要叠加到另一种颜色的网屏上，而网屏的叠加需要一定的角度，否则就会出现莫尔条纹（俗称龟纹），如图3-1。

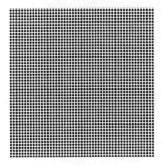 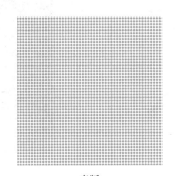 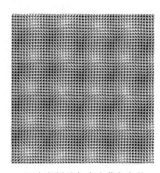

黑版　　　　　　　　　　青版　　　　　　两个印版叠加产生莫尔条纹

图 3-1

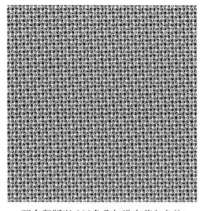

两个印版以 30°角叠加没有莫尔条纹
图 3-2

实践表明,当两个色版的网目以相同的角度套叠时,会造成明显的干扰性纹理,即莫尔条纹。然而,如果把第二个色版转动 30° 角,莫尔条纹就会消失,如图 3-2。

所以为了避免莫尔条纹的产生,我们就把第一个色版的网线角度(网点中心连线与水平线的夹角)安排为 0° 或 90°,第二个色版相对于第一个色版旋转 30°,第三个色版再旋转 30°。可是,每个色版之间间隔 30°,那第四个色版怎么安排呢?如果再旋转 30°,就会重新回到 90° 或者 0°。其实解决的方法还得从颜色本身的性质上寻找。

考虑一下我们的色觉,对 CMYK 四种颜色而言,很明显黑色最暗,黄色最浅,青色和品红介于二者之间。当采用细网线(约 150lpi)印刷时,由于网点非常小,即使在 20~30cm 的距离我们也分辨不出网点来,黄色网点就更难分辨了,所以黄版在四色印刷中引起的莫尔条纹对图像的影响几乎察觉不出,这点正是我们需要利用的。所以黄色版不用和其他色版间隔 30°,可以放在任意两个颜色之间,和其他色版间隔 15°。尽管这样也会产生莫尔条纹,但是我们永远不会觉察出来。而其他色版之间依然间隔 30°,也不会产生莫尔条纹。

进一步考虑我们的色觉。毫无疑问,视觉最敏感的角度是 0° 和 90° 的方向,最不敏感的是 45° 方向。所以,我们可以把黑版放在 45° 位置,黄版放在 0° 位置,青色版和品红版放在黑版两侧,与黑版间隔 30°,分别是 15° 和 75°,这两个版可以互换位置。需要补充的一点是,这样的网版角度不是一成不变的,而应该根据实际印刷需要做相应的调整。画面主色宜安排在 45° 位置。即暖色调画面中品红版应安排在 45° 位置,冷色调画面中青版适合安排在 45° 位置。如果各色版都安排在正确的网线角度,印刷中就不会觉察出明显的莫尔条纹。这就是四色印刷的基本原理,如图 3-3。

青 75 度
黑 45 度
品红 15 度
黄 0 度

CMYK 合理的网线角度

CMYK 四色以合理的网线角度叠印的效果

图 3-3

3.3　封套项目实例

3.3.1　封套的印前设计

该项目案例是一款企业产品目录的封套，如图 3-4。

1）打开 Adobe Illustrator 软件，新建文件，命名为"封套"，设置如图 3-5，该软件从 CS4 版本开始就已经支持多画板操作了，我们可以将每个页面用一个画板来进行设计与制作。

2）选择"文件 – 置入"命令，将封面背景用的"bg.tif"图像置入文件画板，如图 3-6。

3）在"变换面板"中设置图像"锁定宽高比"，高度设置为"285mm"；右侧对齐画板，如图 3-7。

4）选择圆角矩形工具，并进行如图 3-8 设置，绘制图形并设置其中心与画板中心对齐。

图 3-4

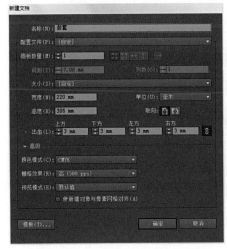

图 3-5

图 3-6

5）同时选择圆角矩形和"bg.tif"，确保圆角矩形处于上层，在右键菜单中选择"建立剪切蒙版"选项，如图3-9。

6）选择"矩形"工具，在画面中下部绘制矩形，并填色c0、m100、y100、k0；调整矩形位置及大小；设置矩形不透明度为90%，如图3-10。

7）将企业logo置入画板，并输入品牌名称和广告词，将三者并置。最后输入封套主题"2014产品目录"，在"字符"浮动面板中设置字体、字号及字距等项目，如图3-11。

8）封面完成稿如图3-12。

9）选择画板工具，在紧邻封面的左侧新建画板，用于设置封底。同样的方法进行封底的设计，如图3-13。

10）用矩形工具绘制出封套折叠部分，填充c0、m100、y100、k0，如图3-14。

11）在图层浮动面板中，将默认的图层1修改为"设计稿"，并新建图层，命名为"模切版"，在新建图层上绘制折叠裁切线（裁切一般用实线，折叠处一般用虚线表示），如图3-15。

12）用同样的方法，设计封二封三，如图3-16。由于折叠位无内容，所以可以做留白处理。

图 3-7

图 3-8

图 3-9

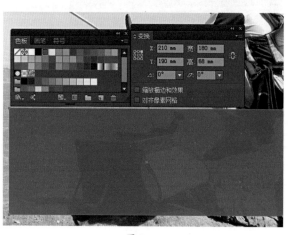

图 3-10

图 3-11

图 3-12

图 3-13

图 3-14

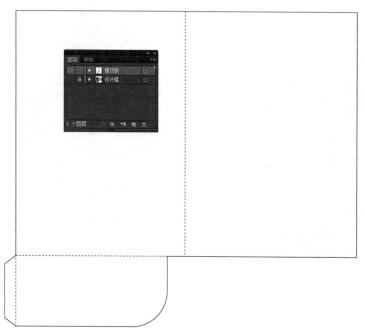

图 3-15

图 3-16

3.3.2 封套的典型形式与结构

前面提到的模切版实际就是封套的结构展开图。上面例子中提到的是最基本的结构，称为"无脊单袋型"，顾名思义，封面和封底之间没有书脊，并且只有封三有一个有容纳功能的袋子，如图 3-17。

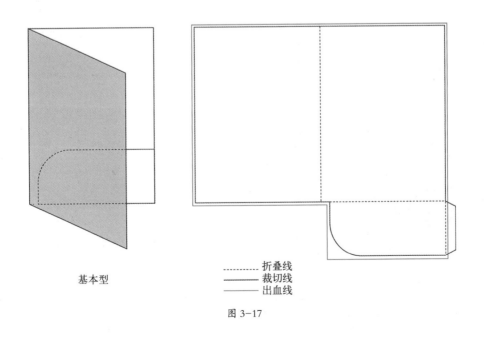

基本型

------- 折叠线
—— 裁切线
—— 出血线

图 3-17

　　由此基本型可以延展出很多不同的花样，最简单的，可以在单袋上开口，用于放置商业卡片，如图 3-18。

　　有些封套在封二封三处各有一个容纳袋，称为无脊双袋型，如图 3-19。

　　有时需要容纳的资料比较多，就可以在封面和封底之间设置书脊，行业内称为"起墙"，如图 3-20 就是有脊单袋型。

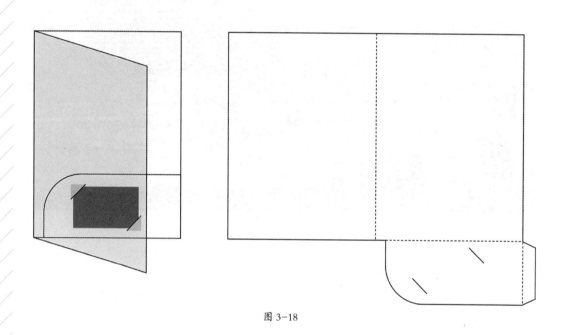

图 3-18

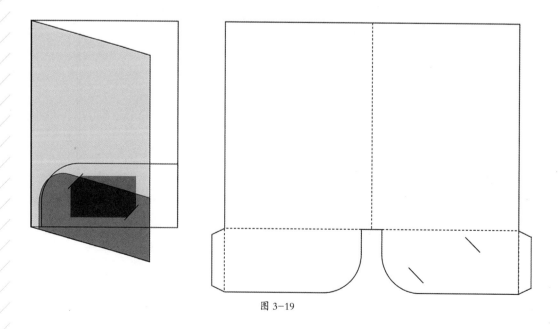

图 3-19

　　甚至有一些封套改变了最初基本型的思路，采用四面包裹的方式，最后用细绳封口固定，这种方式适合于容纳一些比较细碎的内装物，比如光盘、名片等，因为四面包裹，所以不容易漏掉，密封性更好，如图3-21。

　　随着数字化技术的发展，越来越多的资料需要通过光盘来进行传播和分发，于是又有了专门针对光盘的封套设计，如图3-22是一种比较简洁的基本型。

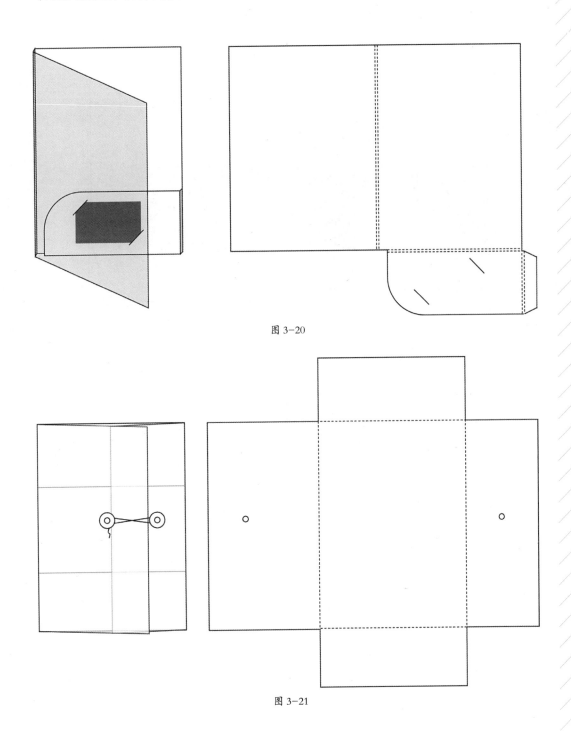

图 3-20

图 3-21

由此基础可以延展出多种样式，如图 3-23，带盖的袋子。

图 3-24 所示的结构则可以容纳一张光盘和一本几十页的小开型说明书。

还有双袋带书脊的形式，如图 3-25。

另外，还有打破思路，做成抽屉式的结构，如图 3-26，造型越来越向包装方向靠拢，这里就不赘述了。

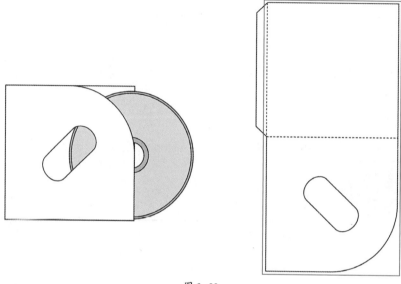

图 3-22

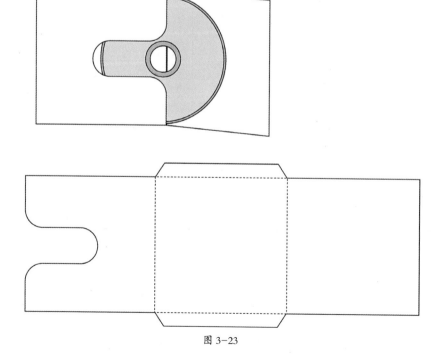

图 3-23

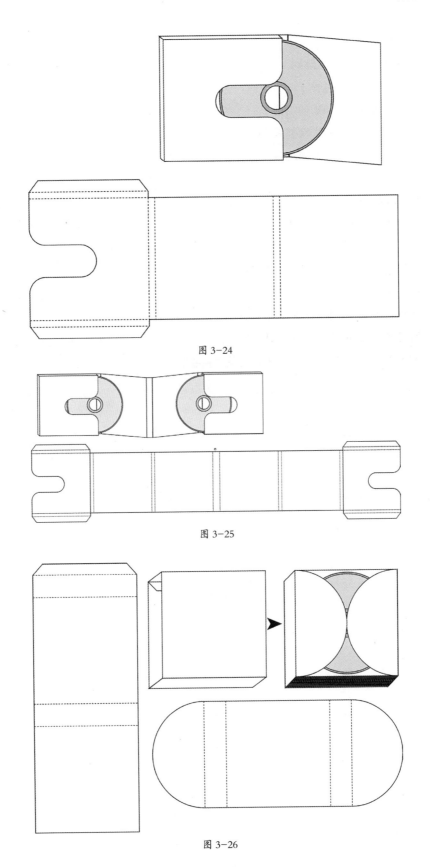

图 3-24

图 3-25

图 3-26

项目小结

通过此章学习，我们了解到：

1）封套设计的基本过程；

2）封套的基本结构和延伸结构；

3）胶片制版、计算机直接制版（CTP）以及印刷新技术；

4）网点大小、形状、加网线数及加网角度等知识。

课后练习

1）在 AI 软件中设计一款封套。

2）举出几种不同封套的结构形式。

3）CTP 技术的优势在什么地方？

4）计算机直接成像（DI）的特点是什么？

5）数字化印刷的优缺点是什么？

6）调幅加网技术中主要的网点形状有哪些？

7）加网线数对印刷品的质量有什么影响？

8）如何通过安排各色版的角度来避免莫尔条纹？

项目四　折页

项目任务

通过本章学习，读者应该掌握以下主要内容：

1）折页的印前设计；

2）折页的基本形式；

3）陷印；

4）印刷输出前的准备工作及打样。

重点与难点

1）折页的印前版式设计；

2）折页的折叠形式；

3）陷印的设置。

建议学时

16学时。

　　折页是一种相对实惠的广告宣传形式，往往用于单项事件或物品宣传，信息量广、实用性强、成本相对低廉。这种宣传形式一般是派发或邮寄或是架上索取，宣传资料的阅读速度很快。除了对即时需求的消费者外，资料保存率不高。所以这种信息载体要求：第一印象讨好（可以从构成学、色彩学、文学、摄影或使用特种纸张和印刷工艺等方面进行全方位攻略）；第二印象友善；另外还要能给消费者切实的好处或关怀。常见的折页有对折页、三折页、四折页一直到八折页。最常用的是对折和三折页。

　　通常折页的印量较大，可以采用传统印刷。印刷时，不同的颜色需要用不同的油墨来印刷。如果印品上一个青色块紧邻着一个品红色块，直接印刷的效果常常会不尽如人意，除非印刷机可以实现绝对精确的套印。这时需要做的最重要的工作就是陷印。

4.1　关于陷印

　　陷印是大多数设计师一无所知并且不愿意去考虑的事情。而事实上，了解陷印是非常必要的。在印刷时，几乎无可避免地会有非常微小的套准误差，使得在进行多色套印时，相邻的色块间会出现微小间隙。陷印就是为了弥补因印刷套印不准而造成的两个相邻的不同颜色之间的这种间隙或漏白现象而进行的补偿手段。而最好的补偿办法就是依赖于设计人员所使用的软件提前留出补漏的余量设置。

　　如果没有在Illustrator、CorelDRAW或PhotoShop图像中进行陷印的操作，则页面排版软件随后也不能进行陷印处理。除非借助于非常昂贵的外部设备或程序（大多的印刷厂都不具备），否则照排机也就不能进行下一步输出菲林的工作。随着技术的不断发展，陷印的问题可能会越来越淡化。但是到目前为止，还只有很少的RIP系统可以智能化地对PDF文档进行陷印处理，甚至对页面中导入之前没有陷印的单个对象也能进行陷印处理。全世界也就只有很少的印刷提供商拥有这样的设备，如果碰巧和他们合作，则需要确认取消所用软件中全部的陷印设置。否则，这些设备就会进行重复的陷印处理。但对于大多数设计人员来说，我们并不一定会有这样的机会去依赖那些先进的设备，所以，陷印仍需设计人员自己来处理，并且要使用创建原文件的软件对其进行相关的处理。只有这样，才可以使得陷印贯穿整个工艺直到生成最终的输出页面。

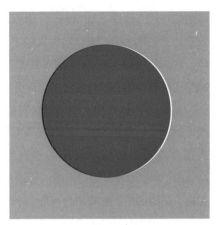

图 4-1

现代印刷机是非常精妙的机械设备。一个操作能力比较强的印刷人员完全有可能实现让一个青色网点准确无误地压印在品红网点上，然后再叠印黄色网点。当然，达到这种印刷精度要求非常苛刻，也许需要一台非常新的品牌印刷机。目前的绝大多数情况是，青色与品红色之间很可能产生稍微的套印不准的情况（为了便于说明问题，我们用 CMYK 色彩系统的两个颜色青色和品红做例子进行说明），如图 4-1。如果用绘图软件创建该图形时，青色块中间挖空的圆形与品红的圆形大小和形状是完全相同的。所以，印刷中即使产生非常细微的套准偏差，这个品红色的圆形色块几乎肯定会在青色区域的一边有一部分重叠，而在另一边留下狭窄的，如月牙形状的白色区域。

解决上述问题的方法是在品红色块与青色色块间设置一个细小的重叠量，这个颜色重叠区域就是我们提到的陷印。有时候并不能使用应用程序进行随意的陷印处理。对于刚才的例子：假如要让青色块的尺寸变大，扩张到品红的圆形里，应用 Illustrator 或者 CorelDRAW 软件进行操作时，实现起来可能会很困难。从另一方面来说，如果将品红色块扩张到青色区域上去的话，软件只需为品红色块创建一个轮廓并将其设为压印即可，这样操作会简单一些。所以，我们一定要记住陷印的基本原则：即较浅的颜色应扩散至较深的颜色，反之则不行。如果做深色向浅色扩张的陷印操作就会使得浅色对象压缩变形。记住这个原则的最好方法就是想象两种扩张方法得到的不同效果，比如把黄色的字体印刷在黑色的背景上，为了使黄色字体的形状不发生改变，唯一能做的操作就是使黄色色块向黑色区域扩张做陷印。

如果色块的重叠部分非常小，我们可能无法看到它。假设两个非常明快的色块并排放置，特别是两个色块又互为补色的时候，就会让人觉得眼花缭乱。因此即使这两种明亮颜色间有很大的重叠部分，也无法辨认它们的边缘，即使不做陷印设置，人们也不会注意到。另一种情况是，如果两个色块并不像上述例子中的色块一样具有很高的亮度和对比度，同样也不容易看到陷印效果。当我们观看一幅图像时，有时候并不会留意到它的细节，很可能第一印象就是对图像的整体感觉。接下来也许你会多关注一些页面上的各个单独的对象，但是只要陷印做得足够小，你便不会注意到各个对象相互重叠的部分。为什么？道理很简单，最理想的状态只能是使陷印的值足够小，使之不容易辨认，而不要使陷印值大得清晰可辨。由此我们可以看出，两个色块间的重叠值的大小至关重要。

在 Illustrator 中有两种方法可以设置陷印。一种是自动生成，另外一种可以手动设置。进行手动设置时，首先对一个图形对象创建 0.25pt 的轮廓线，同时将其设置为叠印。具体操作可以通过打开"属性（Attribute）"面板，图形在选中状态下勾选"叠印描边（Overprint Stroke）"选项。要使选中的对象自动生成陷印，可以使用"路径查找器（Pathfinder）"面板，选择"陷印（Trap）"，同时输入陷印的宽容度值，通常情况下也是 0.25pt。还可以根据需要指定陷印值，减少浅色色块的陷印百分比，这样可以使陷印区域不是很明显。

在 CorelDRAW 中，也可以给对象加上一个轮廓线并同时设为叠印来进行陷印处理。选择图形对象，创建轮廓线，然后在该对象上单击鼠标右键选择"叠印轮廓（Overprint Outline）"。当保存或输出时要确保陷印设置为"保留文档叠印设置（Preserve the document Overprint settings）"，该项可以通过点击"导出（Export）"窗口下的"高级设置（Advanced）"命令实现。否则，陷印的信息在导出后可能会丢失。如果以 tiff 文件格式进行输出时，也会出现同样的情况。如果使用软件自动创建陷印，那么就必须存储为 eps 格式。该操作通过点击"高级设置（Advanced）"选框并勾选"自动扩展（Auto-spreading）"来完成。"最大值（Maximum）"命令可以设定最终的陷印宽度。

使用 Illustrator 或 CorelDRAW 软件，对于任何叠印在某些图形对象上的黑色，执行"叠印填充（Overprint Fill）"命令都可以实现很好的叠印效果。由于黑色是唯一叠印在其他颜色上不会出现问题的颜色，因此在黑色油墨下的图像不必挖空。所以，黑色只需进行叠印，不再需要进行陷印处理。一般的排版软件都将黑色叠印作为缺省状态。

PhotoShop 中，陷印的缺省设置值为 1 个像素，当然陷印值的大小可以根据需要进行调整。1 个像素的陷印值对于大多数 300dpi 的图像作品而言都是比较合适的，但是记得一定要首先将图像的色彩模式调整为 CMYK，否则陷印命令不可选。InDesign 的陷印缺省值为 0.25pt。同时，InDesign 允许对丰富黑设置陷印，这是比较复杂的设置，随后我们再来介绍。在 Quark 中，陷印的缺省值为 0.144pt，1pt=1/12 英寸，所以 0.144pt 大约是 1/500 英寸。如果印刷过程中要求印刷工人套准精度保证在 1/500 英寸以内（差不多是 0.05mm 多一点），这是不可能实现的。所以 Quark 中需要改变软件的缺省值，在命令"Edit/Preference/Document/Trap"选项中选择"Absolute"，意味着在页面中所有对象的陷印值都是相同的；如果选择"Proportional"则会根据陷印颜色的深浅设定不同的值。建议将四色印刷陷印设置为"开启"，并将缺省的陷印值增加到 0.25pt。这个值同 InDesign 的默认设置相同，大约相当于 300dpi 图像的 1 个像素的陷印值。

注意：不用给连续调的图像设定陷印值，因为完全没有必要。陷印的设定一般应用于两个相邻的实地色块上。

在 PhotoShop 中设定陷印值，选择"图像 / 陷印…"命令，输入一个陷印值后点击 ok 即可。对于一幅 300dpi 分辨率的图像，1 个像素的陷印值并不会被注意到。但是一旦发生漏白，尽管那个白边非常细窄，看上去却异常明显。

总之，在实际应用中，使用陷印的规则是：

1）所有颜色向黑色扩张；

2）亮色向暗色扩张；

3）黄色向青色、品红扩张；

4）青色和品红色对等地相互扩张；

5）如果设计作品允许的话，最好采用一种无须陷印的设计。

由于印品各异，材料不同，机器精度也有所差别，因此陷印值应当根据实际情况决定。一般来说，印品越精密，陷印值越低。

4.2　关于四色黑（丰富黑）的使用

在排版软件中，一般情况下都将黑色设置为叠印。因为黑墨是不透明的，当黑墨和其他颜色叠印时不会生成其他复色。Pantone 专色也可以认为是不透明的，但是 Pantone 专色与 CMY 原色墨不同。三原色墨一般被认为是有一定透明性的，因此任意两种 CMY 颜色在叠印时可以混合出其他的颜色。

在一个大面积的实地黑色上印刷其他图文可能会引起很多问题。首先，要印刷非常令人满意的实地黑，必须确保有足够的给墨量。同时，为了使最终印刷效果良好，印刷过程中的给墨量在保证充足的同时还必须要流平均匀,使得印品看上去密度均匀没有瑕疵。其实，这并不好实现，因为，墨量稍大就容易发生蹭脏，导致印刷品前功尽弃。所谓蹭脏就是当印刷结束后，印品在堆垛时，印刷面的油墨会黏附到另一张的背面。这种情况是要必须避免的。

进一步探讨这个问题，如果实地黑背景中间还有一幅图像，则需要在整个页面上调整不同的给墨量。除非遮盖的颜色足够深，否则很可能会产生明显的条痕，如图 4-2。

在这页印品上方有一小块需要印刷的四色图像，背景为黑色实地，需要印 100% 黑墨。显而易见，图像所在的区域纵向方向上的黑色实地密度有明显的区别。同样，右侧的细线条的文字带状区域的黑墨密度也存在明显的差别。

这种印品会使印刷工作人员处于左右为难的尴尬境地。要么为了印刷大面积实地给足墨量，冒"蹭脏"的危险；要么为了使文字和图像清晰保证更安全的墨量，冒"条痕"的危险。

避免上述问题最好的办法就是在使用图形设计、图像处理或排版软件时提前创建一个"四色黑"或"丰富黑"的颜色。这种黑是由 100% 的实地黑色以及一定密度的底色叠印而成。这样的组合，就可以使黑色很容易达到所需要的密度，而不需要再加大墨量而冒着蹭脏的危险。有些印刷厂会用 CMY 分别为 45、40、40 混合成黑墨的底色。油墨三原色以基本相同的密度混合可以生成一个中性的灰色，这样叠加的黑色一般密度比较均匀，印迹表面不会看出有明显的针眼（也许实际印刷后会有涂布不匀而形

图 4-2

成的针眼，但是因为黑墨下还有 40% 的中性灰油墨，针眼也就不可能看出来了），这就意味着整个生产过程中可以减少停机时间，保证更快地周转以及大大简化质量控制工艺。最重要的是，可以避免潜在的条痕或蹭脏等难以控制的问题。需要注意的是，如果要将黑色设置为四色黑，则要确保油墨叠加不能超过最大油墨密度（<250%），否则容易出现纸张拉毛现象。

有些设计师喜欢只用 40% 的青色创建黑色下面的底色，而不用黄色和品红，这种方法得到的印品稍微有点冷色效果；同样，如果只用 40% 的品红色，而不用黄色和青色就等于给整个图像增加了更多的红色成分，从而表现出暖色效果。所以，黑色的调整非常微妙，但增加的色调可以在印刷时根据底色密度大小相应减少黑版的给墨量。从这个角度来说，形成的四色黑（准确地说不是四色黑，称其为丰富黑更准确）会影响整个印品的最终印刷效果。

4.3　关于丰富黑的陷印

使用四色黑（丰富黑）最复杂的问题是与其他对象之间的陷印。比如说在黑色实地的背景上有一行反白字。如果使用丰富黑，那么白色字体的边缘就会出现很明显的套印不准的问题。可能文字的某个边缘出现明显的青色细线，而另一个边缘出现品红细线，还有某处出现不太明显的黄色细线，如图 4-3。

对于这个问题还是有办法解决的：把最终文件发送两份给印刷商，先使用第一个文件输出黑版；第二个文件与第一个文件所不同的是给白色文字添加了轮廓线，使文字的印刷边缘略微扩张了一点，然后使用第二个文件输出黄、品红和青三个印版。最后输出效果会非常良好，如图 4-4。

图 4-3　　　　　　　　　　　　　图 4-4

注意：该方法也适用于数码打样。只用第一个完稿文件打样即可。尽管数码打样的条件与印刷条件不完全一致，但颜色的设置却没有什么不同。

由于黑版本身是基本不透明的，所以人们不会注意到文字边缘处的黑色密度不及周围背景的黑色密度那么深。一个原因是这个区域非常细窄；另一个原因是黑色背景与文字有很强的对比度，所以不容易辨识。黑色背景上的高亮度反白字会使人眼感到很刺目，所以也就不会注意到细小的陷印区域。

对于 InDesign 用户而言，使用丰富黑是很好的选择。在 InDesign 软件中内置一个陷印引擎，允许用户指定陷印的宽度，这项设定可以把底色从亮度较高的对象的边缘区别出来，从而可以保证最终印品边缘的清晰度。也就是说，该软件可以将丰富黑的陷印做得非常完美。

4.4　关于套准线与裁切线

印刷中叠印油墨密度唯一超过最大油墨密度限制的地方只有裁切线和套准线，如图4-5，实际上油墨密度可以达到400%，裁切线和套准线一般放置在有效页面之外的地方，而且最终会全部被裁切掉。印刷人员利用这些标记实现印刷的套准定位，以及进行裁切和装订。

这些标记一般是通过激光照排机的 RIP 在输出胶片时添加的。当然也可以使用诸如 Illustrator 方便地创建矢量的套准标记，然后保存为四色的 eps 格式。也可以利用 PhotoShop 软件创建 1200dpi 黑白位图格式的套准标记，将来在排版软件中指定为"套准色"（可以用 100%

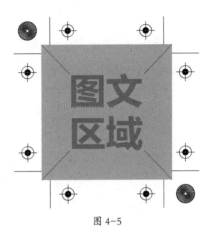

图 4-5

的四个印刷色叠印）。而对于裁切线，要在排版软件中用非常细的线条创建，同时将其颜色指定为"套准色"。如果需要表示折叠线，则需将其定义为虚线，并在旁边注明："折叠线"，否则印刷工作人员可能就会因为疏忽而认为是裁切线，或认为是印刷品上的图文内容。

4.5　印刷输出的准备工作

印刷文件设计好后，需要客户确认。然后，就可以根据印刷幅面的大小进行拼版了，在这之前还有些具体的工作为印刷输出做准备：

4.5.1　图像检查

所有的图像必须是 CMYK-TIFF 格式或 CMYK-EPS（即 eps、DCS2 或 pdf）格式。图像不能是 RGB 模式，图像格式也不能是 gif、jpeg、bmp 或 psd 格式。

不能包含多余的 alpha 通道。Alpha 通道是为了存储选区或创建蒙版额外添加的通道。但如果不删除多余的 alpha 通道，将会使很多照排机产生混乱。只有当以 psd、pdf、pict、pixar 或 tiff 格式存储文件时，才保留 alpha 通道。DCS2 格式只保留专色通道。以其他格式存储的文件都有可能导致通道信息丢失。

除非真正需要，图像中不能包含剪贴路径。如果确实需要剪贴路径，在送去印刷之前也要确认包含剪贴路径图像的文档能够在 PostScript 打印机上正确输出。

出血：需要超出页面的图像至少加上 3mm 出血，除非是靠近装订边的图像不需要出血。

如果图像是链接而不是直接嵌入，确保把源图像以独立文件另外发送给印刷商。如果图像是嵌入而不是链接的，也应该把源图像另外发送一份，万一排版图像被破坏，再重新发送会耽误很多时间。

确保最终文件中所有图像都是高分辨率的版本，而不是只作为定位用的低分辨率的复制品。

4.5.2　文本检查

首先确认印刷商拥有此设计作品使用的所有字体。

确认页面排版文件中没有使用生偏字体。同时对整个作品进行检查，把空格行改为所使用的字体格式。否则，文件打开会出现错误信息。许多输出中心都不希望看到 TrueType 字体，PostScript 已经成了一种标准。TrueType 通常与对应的 PostScript 字拥有相同的文件名，会引起冲突。TrueType 必须手工下载到照排机里，这是很费时的事。不要使用字型命令来产生加粗或斜体效果，最好直接从应用软件字体菜单下选择想要的字体效果。

4.5.3　整体检查

首先确认印刷所用纸张的尺寸，因为有些特种纸的尺寸也是特殊的大小。

对于整个排版好的页面，确保任何创建的图形对象都没有添加轮廓线，且没有填充 RGB 颜色。如果作品中使用了其他的颜色，最好指定为 CMYK 基本色，而不要作为专色处理，因为专色需要单独输出胶片或印版。

如果作品需要"局部上光"，即对某个特定的图案进行上光而不是满版上光，比较好的处理方法是把局部上光作为专色来处理。以书面形式告诉印刷提供商：专色代表的是上光区域，而不是油墨印刷区域。

如果图像或背景上需要添加文字，要确保文字的易读性——阅读的时候尽可能不要造成文字分辨不清，因为翻阅时每页停留的时间非常短。

打印一个完整的样稿，连同电子文件一起送给印刷提供商。

如果最后印刷品需要折页，还要附送实际大小的折叠样本：整个印刷品的折叠标本。采用的纸张最好是和印刷中使用的纸张一样或类似。电子文件中，裁切线应该以实线表示，折叠线应该以点线来表示，当然如果在相应的线旁标注"裁切"或"折叠"也未尝不可，但一定注意，应该标注在图文区域之外。或者新建一个图层，单独保存压痕裁切线。

折叠有时需要事先进行压痕，尤其是使用纸张克重比较大或需要直丝缕（垂直纸张丝缕方向）折叠时。如果涉及使用的纸张克重比较大，而印刷商又没有提及压痕处理，可能是他们忽略了这个问题。这种情况下要及时和印刷商协商，确定折叠是采用顺丝缕还是直丝缕，否则会引起折叠问题。

4.5.4　打样

打样是通过一定的方法从拼版的图文信息复制出校样的工艺，是印刷工艺中用于检验印前制作质量的必须工序。打样为印前工序提供特性参数，为客户提供校审样张。

首先决定采用哪种打样方法。当然，打样效果越好，越接近最终的印刷效果，打样的费用也越高。大多数印刷商可以提供至少一两种打样方式。

最好的，当然也最贵的是湿打样，也就是采用和实际印刷同样的印版，打样的效果最接近最终印刷品的效果。

次好的是层合打样，如 Cromalin 打样和 Matchprint 打样。这种打样方法是把感光物质涂布在片基上，然后和相应的分色加网底片密附、曝光，制成单色的黄、品红、青和黑片，将其叠合在一起，组合成彩色图像。每个片基上的图像是以色粉来呈现的而不是油墨。这种打样是通过胶片生成的，几乎可以看出印刷品所有会产生的问题，比如陷印、套印不准、色偏等，除了网点扩大，因为网点扩大是油墨转移到纸张上之后才发生的，另外，这种打样的样张上经常可以看到纯的 CMYK 颜色的墨点，可以看作是胶片上出现的问题，从而提醒印刷商进行检查。但是如果最后采用 CTP 直接输出印版，而采用 Cromalin 打样或 Matchprint 打样输出的胶片在 CTP 流程中已经不再使用了。由于这个原因，这两种打样方法正在逐渐被数码打样所取代。

数码打样是比较便宜的中等质量的打样，在全世界得到广泛应用。虽然有些不足，比如看不出陷印效果，但是其成本优势比较明显，正在抢占其他价格较高的打样方式的市场。

喷墨打样也非常精确，尤其是使用带有 PostScript 功能的喷墨打样机，否则，所有的 eps 文件都会以"文件头"低分辨率的 tiff 格式输出。另外一些喷墨打样颜色亮，色彩比较饱和，尤其是使用着色油墨时。比较突出的优点还有不会发生褪色，比传统的 CMYK 油墨表现色彩范围更广。由于套准精度非常高，陷印效果也不是很明显，喷墨打样中质量最好的是采用 PostScript 喷墨打印机进行的 Iris 打样，打样颜色非常接近 SWOP 标准印刷颜色，许多印刷商都认可并作为合同打样。

采用 Cromalin 打样、Matchprint 打样和喷墨打样的作品看起来比实际印刷的颜色略为亮一些，因为这三种打样采用的是非常亮的白色材料，比大多数印刷用纸都要白，这一点一定要事先提醒客户。

质量最差的打样是采用彩色激光打印机。这种打样方法最便宜，颜色准确性也最差，经常会造成误导。很多情况下，这种打样仅作为检查最基本的定位和排字错误所使用。

4.6　折页项目实例

下面的案例是一个典型的对折折页。

封面上是简洁大方的主题名称，封底上是联系方式和地图，内页中是学校简介，既美观又实用，如图 4-6。

打开折页的两面，看似不一样，事实上，两个页面上的视线布局、排版、色彩，以及其他元素都运用了重复的手法。

1）每个页面上都重复了页边的小窄条。

2）封面上运用的水平分割页面的方法，在内页中再次使用，变成了整个折页设计的一个主旋律，如图 4-7。

3）标题字用了同样的字体和大小，产生了一种带有识别系统意味的设计。从用色上看，页面相互之间既关联又统一。从图形中取得一明一暗的效果在整个折页中通篇使用，封面背景是深色，文字为浅色；而内页及封底则反之，背景为浅色，文字为深色，如图 4-8。

对于叙述性文字设计师采用了装饰线体，读起来犹如一声温婉的嗓音在耳畔回响。而对

图 4-6

折页外部　　　　折页内部

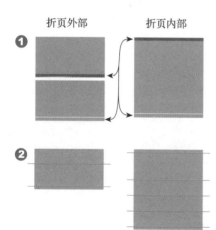

图 4-7

❸ 统一的字体和大小形成带有识别意味的设计

图 4-8

于解说性的文字，设计师采用了无衬线体，这种字体笔画简洁硬朗，即使是小字也很清晰，如图4-9。

在内页部分，单就字体而言，设计得也很有意思。装饰线体曲线柔和，笔画的粗细变化优雅，装饰角和笔画主干连接处过渡平滑，用在大篇幅的文字中令人感觉亲切，阅读流畅。无衬线体拥有简单的线条和造型，内空间比较大，没有装饰角，也没有笔画的粗细变化，这样就保证了文章即便使用的字号比较小，字也可以很清晰。当然，标题还可以采用加粗体来突出。

此设计虽然看似简单，里面还真包含了很多道理。同样的方法也可以运用到如下三折页的设计中，简约的风格、中性色背景、低调子的图像常常可以传达一种通透与精致，如图4-10。

翻开折页，里面第一页通常都采用左对齐（注意一定不要把这整个页面填满）。这种空间的设计恰当地造成了行文开始之前的一种艺术化的通透，也就是我们通常所说的这种设计感觉有透气性，如图4-11。

整个折页都采用统一的版式:顶头起行,整页分为三栏,每栏都采用左对齐,没有文本绕图,这样简单的版式更方便阅读,如图4-12。

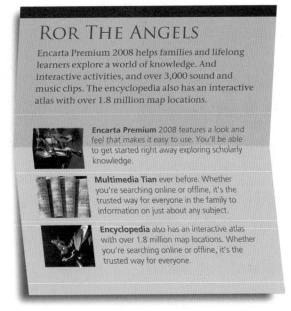

图4-9

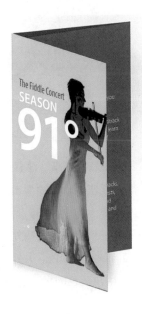

图4-10

图 4-11

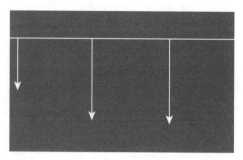

图 4-12

February ◄┈┈┈┈┈┈┈┈┈┈┈┈┈┈ 细体压缩
WALLACE SHAWN ◄┈┈┈┈┈┈┈┈┈┈ 粗体字母大写
Feb 09–12, 2009 ◄┈┈┈┈┈┈┈┈┈┈ 粗体首字母大写
James Gonzalez is here to help you ◄┈┈┈┈┈ 细体
master rich set of powerful tools.

图 4-13

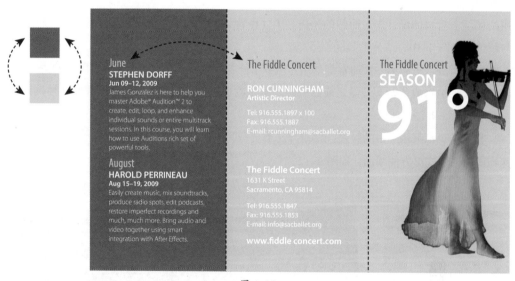

图 4-14

　　通过设置字体之间的微妙变化，就可以悄无声息地将文本的层次区分地特别清晰。注意：对于每一行来说，字体、字形、字号大小、字体颜色的不同设置，都可以使该行脱颖而出。并且整篇文档采用了统一的字型字号的设置，无形中增强了设计的整体感受，如图 4-13。

　　整个设计采用统一的色彩搭配，用颜色将折页很明显地分为两部分：封面和封底在外，采用浅蓝色；其他版面在内，采用中灰色，而白色是可以和这两种颜色随意调和的颜色。另外，标题字的颜色也作了交替变换——浅蓝底色上用灰色的字，灰色底色上用浅蓝色的字，这种明度上的中短调搭配，使整个画面看上去简洁大方，柔和雅致，如图 4-14。

　　印刷品印刷好之后，最主要的一项印后加工就是折叠。尽管是印后的工艺，但是需要在印前设计中提前策划好。事实上，折页有很多种折法，不过最基本的不外乎如下这几种，如图 4-15。

　　另外，通过改变折页每一折的宽度尺寸，就可以使折页的页面相互之间在大小上产生一点变化，令人产生耳目一新的感觉，如图 4-16。类似的变化还有很多，限于篇幅这里就不一一赘述了。

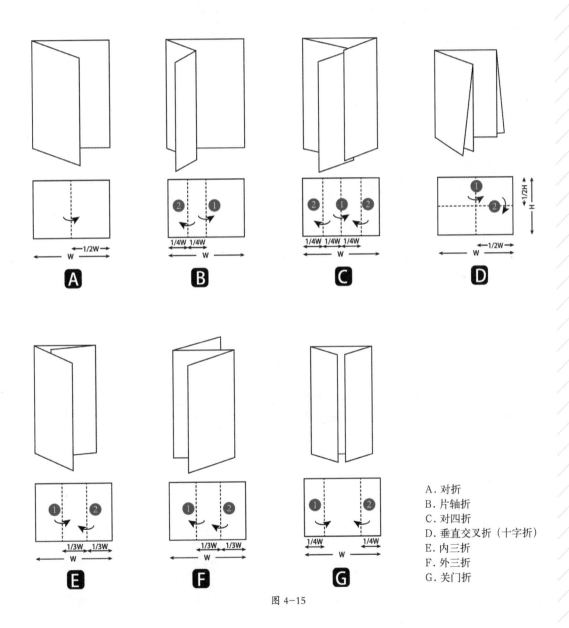

A. 对折
B. 片轴折
C. 对四折
D. 垂直交叉折（十字折）
E. 内三折
F. 外三折
G. 关门折

图 4-15

图 4-16

项目小结

通过此章学习，我们了解到：

1）折页的印前设计；

2）折页的基本形式；

3）陷印；

4）印刷输出前的准备工作和打样。

课后练习

1）根据本章所学内容设计一款三折页印刷品。

2）常见的折页形式有哪些基本类型？

3）为什么要做陷印？

4）对于丰富黑实地上反白字，有效地陷印处理方法是什么？

5）使用陷印的规则是什么？一般陷印值的大小应设置为多少？

6）印刷输出前需要做哪些方面的检查？

7）怎样选择合适的打样方式？

项目五　宣传册

项目任务

通过本章学习，读者应该掌握以下主要内容：

1）宣传册的印前设计；

2）宣传册的装订形式；

3）拼版、爬移、专色等相关知识。

重点与难点

1）使用 Adobe InDesign 软件进行宣传册的印前设计；

2）骑马订的装订方法；

3）无线胶装的装订方法；

4）拼版的几种形式。

建议学时

24 学时。

宣传册是一种好用的信息宣传载体，信息量丰富，能较好地传达多种信息。

当今商务活动中，宣传册在企业形象推广和产品销售中的作用越来越重要，在远距离的商业运作，宣传册起着沟通桥梁的作用，你是做什么的、你能提供什么服务、你的优势在哪等情况，都可以通过精美的画册静态地展现在你的目标消费人群前。

宣传册所用的纸张，基本上是介于 128g 至 250g 之间，纸张太厚或者太硬不便于装订和翻阅，现在的宣传册多采用铜版纸或者哑粉纸，也有很多情况会用各种不同的艺术纸张。宣传册常用尺寸为大 16 开（210mm×285mm），现在很多公司为了彰显个性故意将开型做成特别的大小，以方开型居多，常见的是 24 开（210mm×190mm）。制作的时候每个裁切边要加出血，一般是 3mm。

宣传册的印刷一般分为单色、四色、专色等几种，一些公司对企业视觉识别要求非常严格，有专门的标准色出现时，常常会使用专色进行印刷，除装订外，宣传册的后加工工艺也比较特殊，或需要表面处理，或要求压凹凸，或异型的部分需要闷切。

印刷数量，往往决定了印刷的方式。出于成本考虑，印量较少的可以采用数码印刷，印量比较大的时候可以采用传统印刷。一般在印刷之前先核算成本，选用恰当的印刷方式。

印刷文件定稿后印刷前还需要做一项重要的工作——拼版。

5.1　关于拼版

所谓拼版是指将要印刷的页面按其折页方式将页码顺序排列在一起。如果仅印刷单页的印品，如海报等，就不会牵涉到拼版问题。但是对于多页印刷品来说，拼版非常重要。拼版方式选择得当，不但可以提高印刷、折页、装订的效率，还能节约费用，提高印品质量。

如果了解基本的拼版规则，会大大提高拼版效率。例如：一张纸有两面，每面算作一个页码，一般情况下，通过物理黏合的方法把单张纸固定到书脊上，或者在页边留出一定的边距以便装订。

多页的印刷品在设计时，页码通常是按照 4 的倍数关系递增，如 4 个页码、8 个页码、16 个页码……由于每个书帖（拼好版的单张纸进行印刷、折页后形成书帖，多个书帖装订成书籍、杂志等）都需要单独处理，为了提高效率，最好就避免使用更多书帖。例如一本 28 个页码的书，可以用一个 16 页码的书帖，加一个 8 页码的书帖和一个 4 页码的书帖构成；也可以增加 4 个页码，用两个 16 页码的书帖装订而成。前者虽然页码更少，但是加工效率反而比后者要低，折页机需要三次设置，最后装订三个书帖；而后者使用两个 16 页的书帖，折页机只需要一次调试就能完成所有折页，并且只装订两个书帖；当然，后者会有 4 个页码的空白，显然是不合适的，所以设计师要根据实际情况选择恰当合理的页面布局。

在对书刊等拼版前，必须先了解所需要拼版书刊的开本、页码数、装订方式（骑马订、平订、锁线装还是无线胶装）、印刷色数（单色、双色、四色或更多）和折页形式（手工折叠还是机器折叠）等工艺要素，才能确定其拼版的方法。印刷机幅面及印刷纸张的大小决定了页码的编排以及每版的页数，并对后续的装订方式等产生影响。

如图 5-1 的一个 8 页码的印刷品刚好能排在一个版面中，印刷后进行折页、骑马订，最后三边裁切。如果想看页码的拼版编排方式，可以用一张 A4 纸，将其对折，旋转 90° 再对折，这时就变成一个 8 页书帖，用笔在折叠好的书帖页脚编写 1~8 的页码，并且作好方向向上的标记，把纸展开，就会看到如图所示的页码编排。纸张的一面是页码 1、8、4 和 5，另一面是页码 2、7、6 和 3（图 5-2）。顺便说一下，印刷行业称之为折页样本，这是不可或缺的，印刷时常常连同打样一并送给印刷提供商。

拼好版的印张可以采用几种印刷方式：最常见的为左右翻转印，俗称"自翻版"，如图 5-2，一个 8 页码的书帖，纸张正面有 4 个页码，反面有另外的 4 个页码，正反面图文各占据同一印版的左右一半，一次完成两面图文的印刷，然后纸张翻转 180°，用同一个印版完成双面印刷，最后印成两个完整的 8 页书帖，纵向切开，分别折页，形成两份相同的书帖，如图 5-3。这种拼版方式的优势在于：双面印刷时采用同一叼口，纸张正反面的图文套印精确，即使纸张是不规则的矩形也可以实现正反面的精准套印。

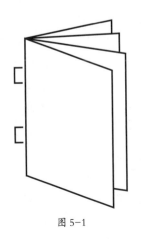

图 5-1

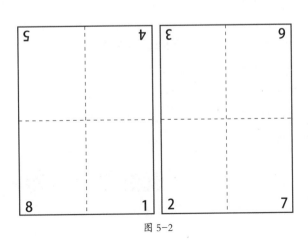

图 5-2

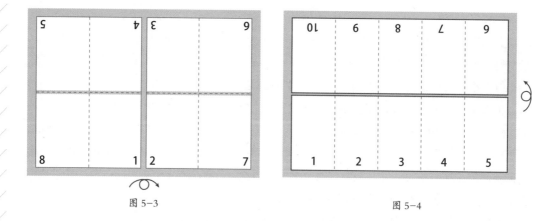

图 5-3　　　　　　　　　　　　　　　　　　　　　图 5-4

　　第二种常见的印刷方式是前后翻转印方式，俗称"打翻斗"，如图 5-4，同样，正反两面的内容都在同一个印版上，一面印刷完成后，纸张以长边为基准垂直翻转，翻转后叼口位置发生改变。所以，正反两面的图文套准难度很大，甚至几乎不可能套准。这就要求纸张裁切时必须保证每个角都是绝对直角。以这种方式印刷完成后，横向裁开，分别折页成两份相同的书帖。相比较而言，在这两种方式中，印刷厂更倾向于采用"自翻版"。

　　第三种可能采用的印刷方式为正反套印，即采用两个印版进行双面印刷，第一个页面印刷完成后，更换另一组印版印刷第二面。有两种情况会使用正反套印：第一种是图文太大，一个印版无法进行双面图文排版，比如大海报。另一种是印张两面图文不对称，不适合翻转印刷。比如明信片，一般正面是四色印刷，而反面是单色印刷。

5.2　关于爬移

　　印刷好的大幅面书页，按照页码顺序和规定的页面大小折叠成书帖的过程称为折页。

　　将折叠好的书帖，或者根据版面需要，按照页码顺序配齐使之组成册的工艺过程，称为配帖或配页。配页的方法有套帖法和配帖法两种。套帖法是将一个书帖按照页码顺序套在另一个书帖的里面（或外面），成为一本书的书芯，最后把封面套在书芯的最外面，常用骑马订方法装订成册，一般用于期刊或小册子。配帖法是将各个书帖，按照页码顺序一帖一帖地叠加在一起，摞成一本书的书芯，采用锁线装订或者无线胶黏装订，常用于各种平装书籍和精装书籍。但是如果采用骑马订装订的书刊太厚的话，装订时书帖在书脊处集中会使书帖向装订位方向产生不等的偏移量，如图 5-5，这种现象叫作爬移，这就要在拼版的时候根据书刊页数和纸张厚度进行相应的补偿。而采用配帖法的书帖是上下叠放在一起的，所以不会产生类似问题。

骑马订装订　　　　　　　　　　　　　　爬移

图 5-5

5.3 关于专色

在某些印刷品中，因品牌识别的需要，很多公司在印刷时都需要用专色来印刷企业的 logo 或者标准色。

关于专色使用中碰到的问题，大致可以归纳为三个方面：

第一，客户提供了专色 logo，现在要印刷四色印品，但是又不想承担增加一个印刷单元的费用。这时，首先应该向客户培训相关知识。向客户解释 CMYK 的局限性，因为要将专色转换成 CMYK 印刷色时，转换后色彩会有或多或少的色彩失真。要么接受使用 CMYK 印刷的效果，要么同意支付增加专色印刷单元的费用，这时就看客户的选择了。

第二，客户理解了把专色转为 CMYK 可能会产生的问题，并且同意采用第五个印版来印刷专色。但是如何通过准确的打样让客户看到专色印刷的效果？对应这个问题，有两种选择：方案一，你可以进行"高质量"的数码打样或克罗马林（Cromalin）打样，默认设置是用最接近的 CMYK 模拟专色，也可以让印刷人员调配出客户要求的色彩，在纸张样本上做简单的涂敷测试，然后拿给客户确认；方案二，采用湿打样。湿打样绝对是最精确的打样方法，因为湿打样采用和实际印刷同样的印版，是真正印刷出来的稿样。甚至可以采用和实际印刷同样的纸张，使用真正的专色油墨。当然湿打样的成本也是最高的。

第三，专色和 CMYK 图像叠印的问题。如果专色印刷区域是实地，因为没有牵涉额外的加网，所以不会产生龟纹，而专色油墨大多都是不透明的，但又不是完全不透明。如果叠印在 CMYK 图像的上面，下面的 CMYK 油墨仍可以透射出来，所以需要彻底把底层的 CMYK 图像挖空，以便专色图像的轮廓可以突显出来。如果专色印刷区域是网目调图像，而不是实地，这时，没有更多的加网角度可供专色使用，本身 CMYK 四色加网角度就已经不够，印刷出来没有产生明显的莫尔条纹是因为黄墨特殊的视觉效应（可以看到其颜色，但是不能看到龟纹的具体轮廓）。这时应该以专色通道为基础创建一个选区（收缩 1 像素，做陷印处理），然后把青或品红或黑任意一个通道的选区内容删除，把所删除的颜色通道的加网角度指定给专色。这时一定不能采用黄版的加网角度，否则会产生明显的龟纹。

注意：如果送去印刷的文件是 pdf 格式，即使是用于 CTP 印刷，也可以包含 DCS2 格式的图像。可以使用 Distiller 转换为 pdf 格式（不要使用 InDesign 中的"文件 – 导出"等命令），在打印对话框中"输出"选项中选择"分色"项，这样，专色就能和 CMYK 一样被打印机解释了。最终排好版的单页在 Acrobat 中显示的是 5 个页面，CMYK 四色各占一页，还有一页是专色。每个页面输出一张印版，通过 CTP 制作的印版进行五色印刷。如果想采用四色印刷，勾选输出选项中的"将所有专色转换为印刷色"选项即可。另外，不要忘记告诉印刷商专色所使用的加网角度。

5.4 宣传册项目实例

下面的例子为大家介绍一款简洁大方的设计。

5.4.1　宣传册印前版式设计

　　日常设计中经常会遇到一种年度报告的宣传册。这种报告常常会有大篇幅的文字，而仅仅几张图片，枯燥无味，如果不注意加大设计成分，很容易就被人扔到废纸篓，或者碎纸机里，看都不看一眼。我们的工作就是要扭转这种局面，不能随意地把照片摆放在版面上，而是要中心明确、重点突出、阅读流畅而言之有物，看起来感觉大方得体，引人注目才好。

　　设计时，在页面上定一条水平辅助线，作悬挂标准线，需要设计的正文内容都以这条线为上限标准。这样，整个页面看起来就比较舒爽。而这条线以上的部分呈开放状态，能给人一种透气感，引人注目，如图5-6所示。

　　事实上，使用悬挂标准线是一种使页面元素上端对齐的方法。这条线是一条概念上的线，一般位于距页面顶部1/4页高的位置。你可以把它看成是现实生活中的晾衣绳，所有的内容基本都处在这条线之下，如图5-7。

　　悬挂标准线是最主要的水平辅助线。栏则为各种元素提供了垂直方向的主要规范，这样，各种元素排列起来就可以非常流畅，各页之间也因此可以衔接比较好。具体的做法如下图5-8。

图 5-6

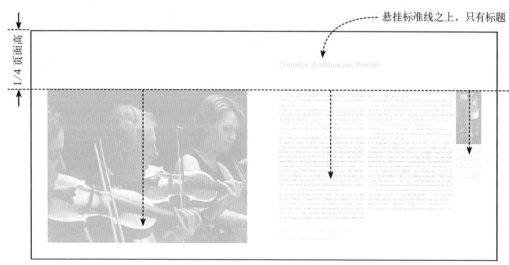

图 5-7

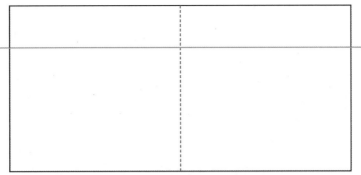

在页面垂直方向 1/4 处放置一条水平辅助线作悬挂标准线。

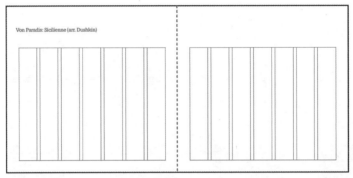

在页面下部设置一个分 7 栏的排列网格（注意保留左右边距），并在页面上部设置标题。

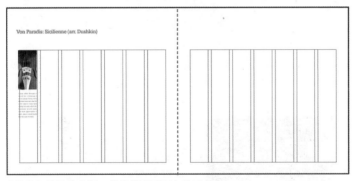

以悬挂标准线为上限，悬挂排列页面上的元素。

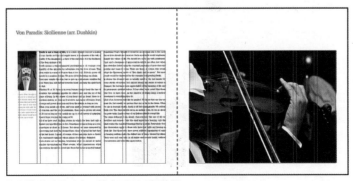

依次排列页面元素，填充页面下部的栏。

图 5-8

在上图中，尽管我们做了 7 栏网格作为参考，但是文本栏的宽度可以根据内容的不同进行调整。以 7 栏网格做参考时，两栏宽作为文本栏宽度，通常用在图例或工具条等比较简短的文字处；三栏宽作为文本栏宽度最适合阅读，是让人感觉最舒适的文本栏宽度；四栏宽作为文本栏宽度看上去就有点像书了，最外面的栏可以加上点说明；五栏宽作为文本栏宽度看上去比较优雅，但是由于行比较长，读起来比较费力，阅读速度就会很慢，为了解决这个问题，就需要用比较大的行距，如图 5-9 所示。

在排列文章内容的时候，在开始一个新的内容时，都要从栏的顶端开始，而不能从栏的中间开始。章节的标题可以放在该栏所对应的悬挂标准线之上，如图 5-10。

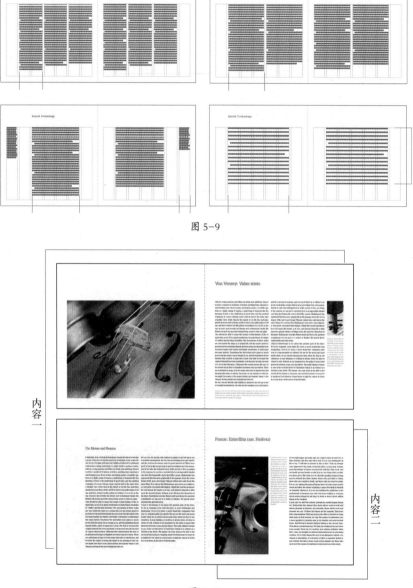

图 5-9

图 5-10

对于比较长的内容，一个页面之内放不开，我们只能一页一页地排，直到把这些内容排完。但多数情况下，内容排完了，可还没有排满整个文本栏，剩下一个难看的缺口放在页面的最右边，显得很不舒服。如果缺口很大，为了避免从栏的中部开始一个新的内容，我们可以把"晾衣绳"送一下，重新分配页面的栏内行的数量，多留一些下边距出来，并且制造一种栏与栏之间参差不齐的效果，调整到内容末尾在页面上的缺口不至于很明显为止。在下一个栏内一开始就排列下一个新的内容，如图5-11。

在InDesign等排版软件中排好书稿后，导出为pdf格式，拼版后进行制版印刷。

文字正常排列会产生大的缺口

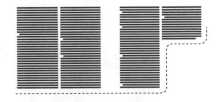

调整文字排列后，缺口变得很舒缓

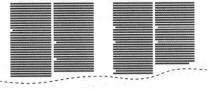

图5-11

5.4.2　宣传册的印后装订

将印刷好的产品进行印后表面处理，然后就可以装订了，比较薄的宣传册可以选用骑马订，厚一些的可以选择使用胶装。

5.4.2.1　宣传册的骑马钉装订

下面介绍一款简易的骑马订设备的操作流程：

1）将设备安装在桌子的边缘，如图5-12。

2）抽出钉匣，装入钉针（注意钉针和装订机的型号要匹配），如图5-13。

3）将平订触发开关调到最靠里侧的位置，如图5-14。

4）将台板调节成骑马订的状态，如图5-15。

5）将对折好的纸张插入台板，并确认左右挡规位置是否合适，如图5-16。

6）踩踏脚踏开关，试订一册，没有问题的话就可以连续作业，如图5-17。

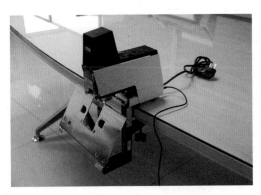

图5-12

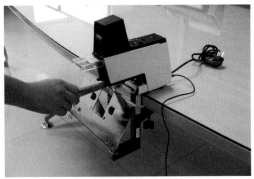

图5-13

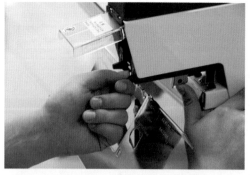

图 5-14

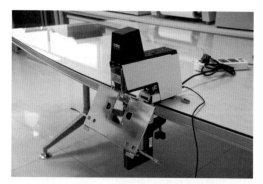

图 5-15

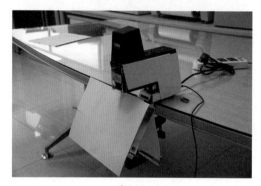

图 5-16

图 5-17

5.4.2.2 宣传册的无线胶装

有些宣传册不用骑马订，采用无线胶装，具体操作步骤为：

1）打开电源开关，熔胶时间约 25 分钟，当胶锅温度达到设定值时，胶熔化，指示灯会变亮。

2）根据制本厚度、封面厚薄调整，如图 5-18（胶量：2cm 以下调至中央缺口处，2cm 以上调至最大，请视状况作微量调整；夹本时间：1cm 以下 -4 秒，2cm 以下 -6 秒，3cm 以下 -8 秒，3cm 以上 -10 秒；夹钳压力：请视封面及书册厚薄调整，60~100kg 范围内，以书背不起皱痕为准）。

3）将手动 / 自动选择开关，开于手动，启动键会亮，手动模式下，每执行一次命令需要均按一次启动键，如图 5-19。

图 5-18

图 5-19

4）将内页放入置本台内，靠左放置，夹紧内文，如图 5-20。

5）按下启动键，置本台向左移动，停于左端，如图 5-21。

6）将封面放于夹本座上，调整中心线，移动中心调整尺，此时启动键会再次亮起，如图 5-22。

7）再次按下启动键，置本台回到右侧，夹本台上升夹钳夹紧，夹本时间结束后，夹本台下降，如图 5-23。

8）此时完成制本，放松置本台，向右抽出。书本抽出后，夹本台上升，回到原点，如图 5-24。

9）用切纸机裁切三边，这样一本平装书就完成了，如图 5-25。

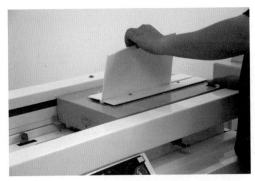

图 5-20

图 5-21

图 5-22

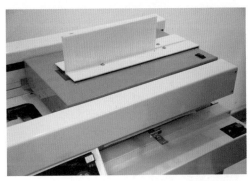

图 5-23

图 5-24

图 5-25

项目小结

通过此章学习，我们了解到：

1）宣传册的印前设计过程；

2）宣传册的装订方式；

3）拼版、爬移、专色等相关知识。

课后练习

1）根据本章所学的知识，结合 Illustrator 和 PhotoShop 软件，在 InDesign 软件下设计一款 16p 的宣传册。

2）宣传册的装订方式都有哪些？

3）拼版有几种方式，分别如何操作？

4）爬移产生的原因是什么，如何应对？

5）专色和 CMYK 图像叠印时该如何处理？

项目六　台历挂历

项目任务

通过本章学习，读者应该掌握以下主要内容：

1）台历的印前设计；

2）台历的典型形式与结构；

3）环装订工艺；

4）色彩管理系统的设置。

重点与难点

1）台历的典型形式与结构；

2）环装订工艺；

3）色彩管理系统的设置。

建议学时

16 学时。

挂历的雏形是一种"讨债本"。那是在古罗马时代，当时社会上有一种专门从事放债业务的人，按月去向债户收取利息。为方便起见，他们将何月何日某人该还的债和该付的息都记在一个本子上。因为这种本子是以月为单位，按日期排列，附有记事栏，其记事方法简便明了，渐渐地被其他行业所借鉴。

我国始有历法大约在四千多年以前，但真正的日历产生，大约在一千一百多年前的唐顺宗永贞元年，皇宫中就已经使用皇历。最初一天一页，记载国家、宫廷大事和皇帝的言行。皇历分为十二册，每册的页数和每月的天数一样，每一页都注明了天数和日期。发展到后来，就把月日、于支、节令等内容事先写在上面，下部空白处留待记事，和现在的"台历"相似。那时，服侍皇帝的太监在日历空白处记下皇帝的言行，到了月终，皇帝审查证明无误后，送交史官存档，这在当时叫日历，这些日历以后就作为史官编写《国史》的依据。后来，朝廷大臣们纷纷仿效，编制自家使用的日历。至于月历以后又发展成挂历、台历等各种形式，只是近一个世纪的事（资料来源于百度百科）。

印刷挂历，常用比较厚的铜版纸、哑粉纸、艺术纸、白卡以及其他特殊纸张，一般克重都在 200 克以上。台历用的纸张可以稍微薄一些。

挂历和台历没有固定的尺寸，一般是以所用纸张的尺寸经过合理的开型所得的尺寸为准。挂历印刷一般分为四色和专色，但是挂历的后期加工工艺比较特殊，花样也比较多，对表面肌理有特殊要求的会用发泡、加彩色粉、金箔或银箔等进行进一步加工。

台历印刷比较简单，一般为四色印刷，裁切后打孔圈装印刷台历，印量较少的可以采用数码印刷，印量比较大的时候可以采用传统印刷。一般在印刷之前先核算成本，选用恰当的印刷方式。

由于印刷幅面的限制，挂历一般采用传统印刷，对于某些支持大幅面印刷的数码印刷机，则不受限制。只需严格按照印前、印中、印后的印刷基本流程执行即可。

至此，我们学到的知识足以应付日常的印刷品设计了。但是，如果希望自己更专业一些，那就必须了解色彩管理系统。这样，在将来的工作中你就可以真正灵活自如地调整颜色设置。

6.1　色彩管理系统

国际色彩联盟（ICC）制定了一套通过建立设备的色彩特征文件来管理色彩的体系，这种色彩特征文件被称为 ICC 色彩特征描述文件（ICC profile）。PhotoShop 等软件在这个体系的基础上引入了自己的色彩管理流程，被称作"色彩管理系统"（Color Management System）。其作用是保证整个工作流程中图像颜色的一致性——从计算机屏幕显示的色彩一直到最终印刷品的色彩。不然，由于实际印刷中的 CMYK 油墨所组成的"色域"不同，会导致最终印刷色彩的不确定（本书的开始我们已经提到过：CMYK 色彩空间是指通过 CMYK 色料混合所能表达的所有颜色和色调的集合；RGB 色彩空间是指用色光表色法表示的所有颜色的集合）。

虽然所有的显示器和扫描仪都是以 RGB 模式显示和采集图像的。但是并不是所有的显示器和扫描仪都使用同一个色彩空间，很多显示器的绿色和青色显示比较弱，此外还有很多其他影响因素。在印刷中，合理使用相应的色彩设置可以避免因各种因素引起的色彩不一致。

注意：进行图像颜色的处理必须选择合适的色彩工作空间（Working Space），这是进行印刷图像处理的重要基础环境，而色彩工作空间的实际含义又涉及 ICC 组织以及该组织制定的 ICC 色彩特征描述文件。色彩工作空间定义用户处理图像时所使用的色彩空间，决定彩色图像的颜色描述特征。

色彩管理系统将为图像添加配置文件，该配置文件将对图像在一定的色彩空间下进行颜色描述，同时也将对图像颜色怎样映射到特定色彩空间加以说明。以 PhotoShop 软件为例，如果没有为图像选择配置文件，打开图像时会出现"配置文件丢失"对话框，这时可以选择 PhotoShop 当前工作空间作为默认的色彩空间。这也就决定了计算机显示和编辑颜色的方式：如果选择了配置文件，当把图像模式从 RGB 转换到 CMYK 时，相应的配置文件就会生效；如果图像本身有配置文件但与当前 PhotoShop 工作色彩空间不匹配，打开图像时则可以选择是否用另一个配置文件替代当前的配置文件。

注意：如果屏幕上已经打开了一幅图像，改变配置文件则只能影响其显示效果，只有在打开图像的过程中，才能嵌入相应的配置文件。

例如：屏幕设置的默认色彩工作空间是 Apple RGB，我们在 PhotoShop 软件中打开一幅图像，然后选择"图像/模式/指定配置文件"命令，把该幅图像配置文件指定为 sRGB IEC61966-2.1，存盘后，当我们再打开这幅图像时，就会出现对话框，表明当前色彩工作空间为 Apple RGB，而嵌入的 ICC 为 sRGB IEC61966-2.1，请用户选择：保持原样；还是将图像转换为当前色彩工作空间的 ICC；或者直接扔掉原来的配置文件等三种选择。对比三种选择，我们会发现：不同的色彩空间对于同样的一幅图像会有不同的颜色描述，而这种描述会对图像的视觉外观产生影响。

同样都是 RGB 色彩空间，怎么还会有差别吗？PhotoShop 将 RGB 空间分为两大类：与设备无关的 RGB 色彩工作空间和其他 RGB 色彩空间。与设备无关的 RGB 色彩工作空间包括：

AdobeRGB（1998）、Apple RGB、ColorMatch RGB 和 sRGB IEC61966-2.1。其中，Adobe RGB（1998）色彩空间是色域范围最大的色彩空间，适合于对色彩表现范围要求较大的彩色图像复制流程，例如需要转换到 CMYK 数据的彩色图像。Apple RGB 反映 Macintosh 计算机显示器的平均水平特征，如果用户在 Windows 操作平台下处理图像，并且处理结果要在苹果计算机上显示，则可以选择该色彩工作空间。ColorMatch RGB 色彩工作空间是与早期的显像管型显示器色彩空间匹配的，色彩范围比 Adobe RGB 空间小，但同样适合于印刷工作流程。sRGB 色彩空间称为标准色彩空间，反映 pc 机显示器的平均特征，得到许多硬件制造商和软件开发商的支持，但是，由于 sRGB 色彩空间表现范围较小，因而不建议用于印前制作流程。其他 RGB 色彩空间均为设备有关的色彩空间，就加色设备而言，嵌入样本文件等价于选择或者设置 RGB 色彩工作空间，其中选择 RGB 色彩工作空间就是选择 PhotoShop 的内置样本文件，而设置 RGB 色彩工作空间则需要首先测得与显示器颜色描述特征有关的参数，例如亮度对比值、白点以及荧光粉红色、绿色、蓝色对应的色度值。一般说来，图像处理阶段应采用某一中间色彩空间作为描述色彩的依据，选择设备无关的 RGB 色彩空间，有更好的视觉一致性。

6.2　PhotoShop 软件中的色彩控制

以 Adobe PhotoShop CC 为例，在"编辑"菜单中选择"颜色设置"命令，打开对话框如图 6-1。

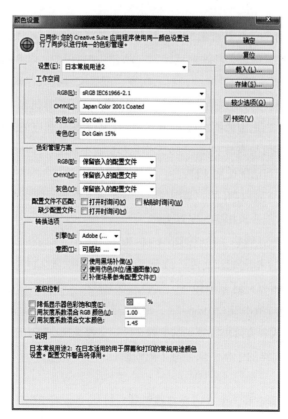

图 6-1

对话框自上而下有六部分内容，分别为：设置、工作空间、色彩管理方案、转换选项、高级控制和说明。

1）设置选项是整个设置的纲目，打开下拉菜单会出现一列预置好的选项，如果选中任何一项，整个面板下面的四大板块都会出现与之配套的全部选项。如果选择了"自定"设置，则可进行自主设定，更好地实现个人意图。设置自定板块后，其余四大板块都要自己来设定。下拉菜单如图 6-2。

2）工作空间选项下有四种色彩模式需要进行设置，如图 6-3。

RGB 设置：从"RGB"下拉菜单里选择"Adobe RGB（1998）"，这是一个提供相当大色域的 RGB 颜色选项，为印刷输出提供了便利，可以更好地还原原稿的颜色。

CMYK 设置：如果你地处欧洲，可以根据印刷使用的纸张种类，如铜版纸或者胶版纸相应选择"Euroscale Coated v2"或者"Euroscale Uncoated v2"。这两个选择都适合单张纸印刷方式。如果打算采取卷筒纸印刷，可以点击"自定 CMYK"选项，在弹出的对话框中选择"Eurostandard（Coated）"或者"Eurostandard（Uncoated）"，然后根据印刷商的建议输入网点扩大值。如果没能得到印刷商的帮助，可以尝试使用 20% 的网点扩大值。在中国，点击"自定 CMYK"选项后，在弹出的对话框中一般选用 TOYO 或 SWOP 标准，如图 6-4。

分色类型应该选 GCR（Gray Component Replacement）；

黑色油墨限制（Black Ink Limit）应该是 100%；

油墨总量限制（Total Ink Limit），当在铜版纸上印刷时油墨总量限制在 280%~320% 之间，在胶版纸上印刷时，油墨总量限制在 300%~340%。这里，根据笔者的经验，可以直接设置为 300%；

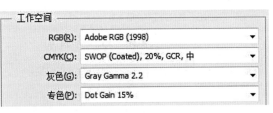

图 6-3

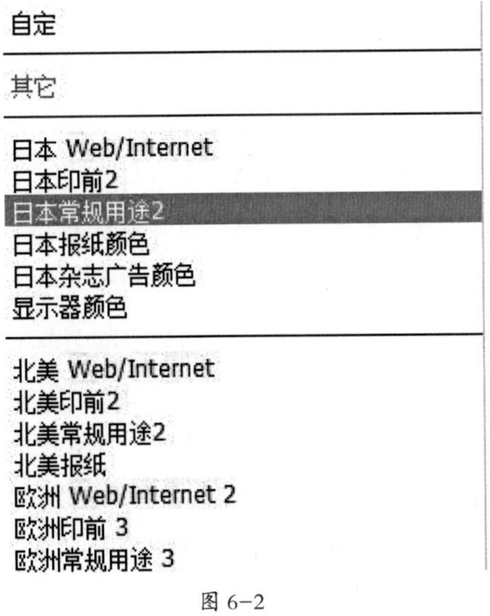

自定

其它

日本 Web/Internet
日本印前2
日本常规用途2
日本报纸颜色
日本杂志广告颜色
显示器颜色

北美 Web/Internet
北美印前2
北美常规用途2
北美报纸
欧洲 Web/Internet 2
欧洲印前 3
欧洲常规用途 3

图 6-2

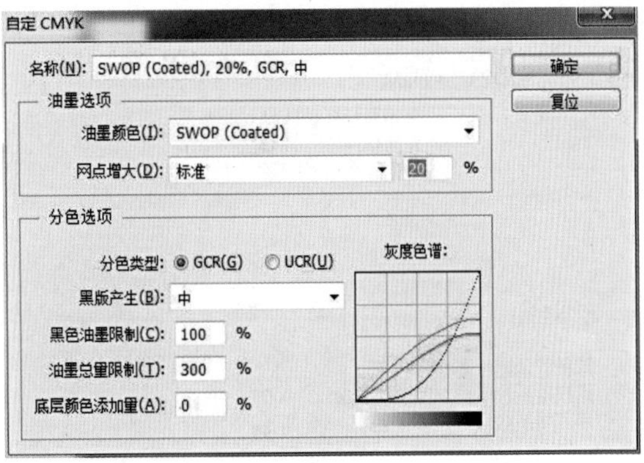

图 6-4

底层颜色添加量（UCA amount）设为 0%。

注：选项中"美国印前默认设置"和"欧洲印前默认设置"是约定俗成的，在美国默认采用卷筒轮转印刷，在欧洲默认采用单张纸印刷。

选项设置好后点选"确定"按钮，返回上一层对话框，如图 6-1。

灰色设置：pc 计算机默认灰度设置是"Grey Gamma 2.2"；Mac OS 计算机则会选用"Grey Gamma 1.8"。这个设置主要用于网络图像或视频，不需要进行网点补偿。所以不论印刷采用什么纸张，都可以采用"反复校准"的方法。

专色设置：对于专色的网点扩大补偿量，同样应该和印刷商协商，然后选择相应的数据。不同的印刷机以及印刷用纸补偿量差别较大。如果选择不同的印刷商，针对每个印刷商都应该有相应的专色设置。

3）色彩管理方案选项设置中有三个转换设置和三个配置文件设置选择方式，如图 6-5。通常情况下，RGB 项选择"转换为工作中的 RGB"；CMYK 项选择"转换为工作中的 CMYK"；灰色项选择"转换为工作中的灰度"；国内很多印前制作商会根据不同的情况设定，如果来稿方有非常专业的色彩管理经验，可以考虑将 RGB、CMYK、灰色等转换设置选项设为"保留嵌入的配置文件"。

下面三个"配置文件"选项通常都要全部选上。全部选上意味着无论什么时候打开配置文件不匹配或者缺少配置文件的图像时，PhotoShop 都会把图像转换成你所选择的色彩工作空间。并且，在转换之前会弹出对话框询问是否转换并提供选项以指定其他的颜色配置，即使在图像间某个区域的粘贴发生配置文件不匹配，也会有相应的提示。

图 6-5

图 6-6

图 6-7

4）转换选项，如图 6-6。

引擎选择"Adobe ACE"，Adobe ACE 非常适合 RGB 色彩空间到 CMYK 色彩空间的转换。

意图选择"可感知（Perceptual）"，可感知会把 RGB 色彩空间压缩到转换的目的空间。转换中保持原图的色彩平衡，尤其适合照相图片的转换。

紧接下面的设置"使用黑场补偿"和"使用仿色"，以及"补偿场景参考配置文件"也应该选中。启用"使用黑场补偿"选项时，源空间的整个动态范围将映射到目标空间的整个动态范围。启用"使用仿色"选项更有助于减少在色彩空间之间转换时图像的块状或者带状外观——包括屏幕显示图像和印刷图像。

5）在高级控制区，如图 6-7，不勾

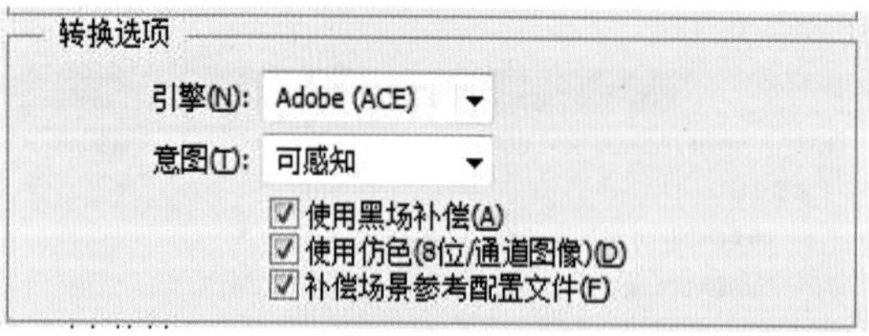

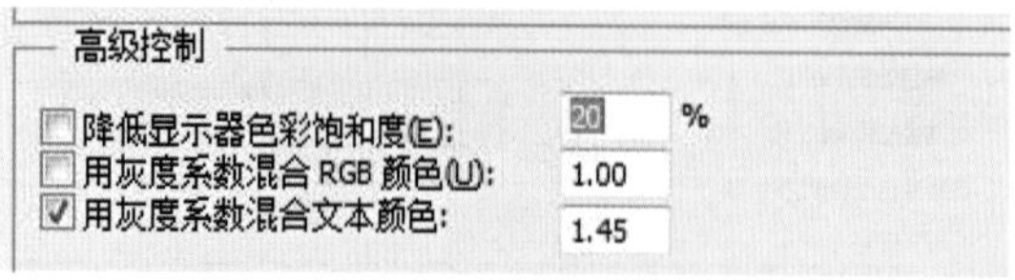

选"降低显示器色彩饱和度"和"用灰度系数混合 RGB 颜色"。前者控制在显示器上显示颜色时，是否按照指定的量降低色彩饱和度。选中时，此选项有助于用大于显示器色域的色域显现色彩空间的整个范围。但是，这会使显示器显示与输出不匹配，所以只推荐专家使用。后者控制 RGB 颜色的混合方式，选中此项将使用指定的灰度系数混合 RGB 颜色，但是会导致其他大多数应用程序无法识别。

6）说明区会针对当前进行设置的选项进行说明。

以上选项均设置好之后，点击"存储"按钮，给自己定义的颜色设置命名并添加相应的描述文字。当以后选择该项设置时，就会在窗口底部的"说明"区域显示相应的描述文字。最后点击"确定"按钮，退出颜色设置对话框。

使用以上的设置可以提高图像输出的质量，但也不要以为全部使用默认设置效果就会很差，如果没有把握也可以保持默认设置而不做任何更改；还可以和印刷商协商，从他们那里可以得到一些设置的建议；另外一个途径也不错，可以拨打 Adobe 公司的求助热线寻求帮助。如果对这些颜色设置心里没底，可能是因为以前没有接触过这些内容，即使学习过 3 年的专业图形图像课程也未必理解很多。如果你想尝试改变一些设置而又担心出错的话，可以选择相应地区的默认设置。比如在英国可以选择欧洲默认 CMYK 设置，其他设置不变。同样，在美国可以选择单张纸印刷或卷筒纸印刷，铜版纸或者胶版纸，其他选项不变。

6.3　台历项目实例

日常生活中，我们经常会用到形形色色的日历。随着现代桌面出版系统的飞速发展和普及，使得个性化的设计迅速走入了我们的生活，设计一套个性化的日历已经不是什么难题了，甚至你会乐在其中（图 6-8）。

图 6-8

6.3.1　台历的结构

把为自己孩子做的纪念历发给爷爷奶奶、外公外婆（在日历上重点标出大家的生日或者某些有纪念意义的日子），把社团最近的活动作为主题，做一套纪念历分发给社团成员，如此等等。每个人都喜欢记住那些美好的时光，做一套纪念历是个很好的主意。把纪念历折叠起来，立在桌面上；或者干脆印出来，直接订到公告牌上，你会感觉乐此不疲！

　　如果没有那么多好照片，或者出于节约等其他原则考虑，也可以把日历合并一下，一个季度做一张，简单地把三个月的日历排成一列，特殊的日子重点标出，如图6-9。

　　现实生活丰富多彩，照片也是如此。有的照片背景比较干净，适合在上面用小字。但是对于背景比较杂乱的照片来说，加一个半透明的色块可以适当地减弱背景杂乱的感觉，如图6-10。

图 6-9

对于日历的小字来说，背景已经显得太过杂乱了。

加一个白色的色块，很容易就可以解决这个问题，但是照片的那一部分被遮挡住了。

折中一下

把白色色块的不透明度调到60%，让一部分背景仍然可以隐约的显现出来，这样两全其美，看上去效果要好多了！

图 6-10

　　具体尺寸如图 6-11，其结构也很清晰，制作起来也很简单，如图 6-12。

　　另外还有一些简单的台历结构，如图 6-13、图 6-14、图 6-15。

　　事实上，类似的结构还有很多，大多都是在支撑的锁扣结构上有些变化，这里就不一一赘述了。

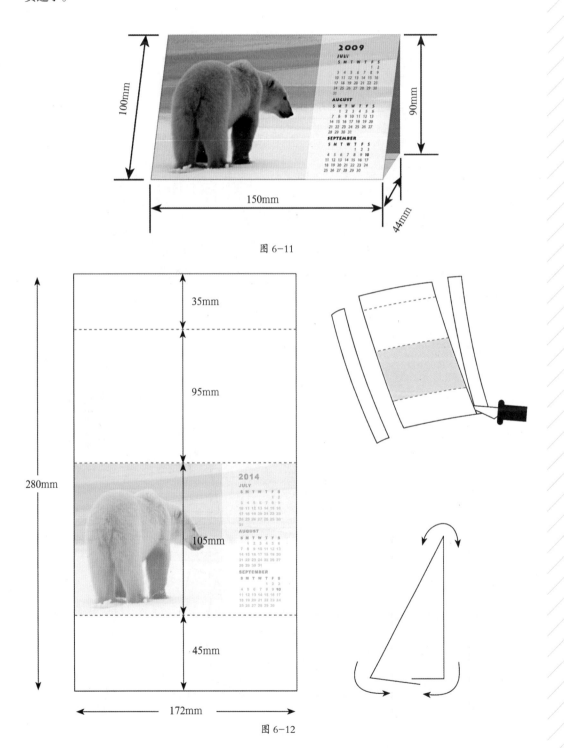

图 6-11

图 6-12

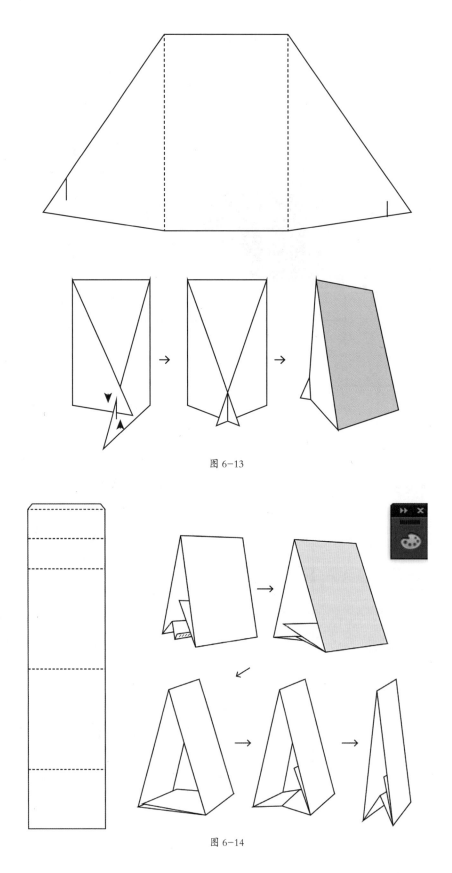

图 6-13

图 6-14

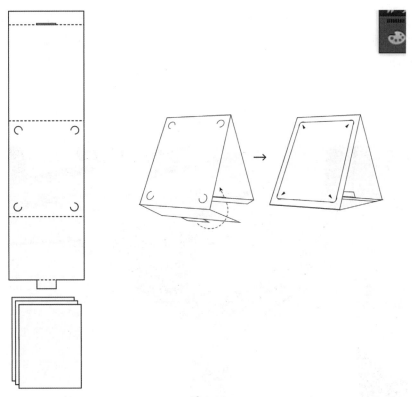

图 6–15

6.3.2　台历的环装订工艺

很多时候我们碰到的台历是由钢圈装订在一起的。这种装订方式常用于装订活页之类的产品，具体做法是：

1）先将台历内容页打孔，如图 6–16。

图 6–16

2）制作台历座（可以参考精装书壳的做法）。将台历座打孔，如图 6-17。

3）将内页和台历座码齐，并套圈、压圈，这样一本精美的台历就制作完成了，如图 6-18。

4）最后，经过检验员检验合格后包装。

图 6-17

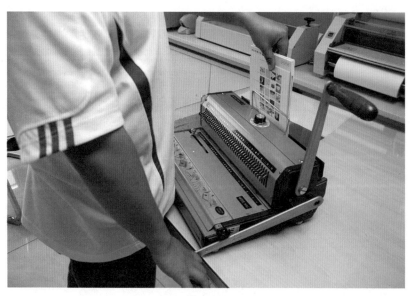

图 6-18

项目小结

通过此章学习，我们了解到：

1）台历挂历的印前设计过程；

2）台历的一些基本结构；

3）圈装加工工艺；

4）色彩管理系统的设置。

课后练习

1）在 AI 软件中设计并制作一款台历。

2）试举例说明几种台历的结构。

3）熟练掌握圈装工艺加工过程。

4）色彩管理系统在印刷流程中的主要作用是什么？

5）在 Adobe PhotoShop CC 软件中进行色彩管理的设置包含哪些方面的内容？

6）比较在 Adobe PhotoShop CC 软件中与设备无关的几种 RGB 色彩空间的色域大小和适用范围。

参考文献

[1] 马克·盖德 . 平面设计师印前技术教程 [M]. 上海：上海人民美术出版社，2006.

[2] 陈艳麒 . 商业印刷设计 [M]. 长沙：湖南大学出版社，2008.

[3] 白利波 . 版式设计 [M]. 武汉：华中科技大学出版社，2011.

[4] before&after 电子杂志 . http://www.bamagazine.com/ [OL]，2014.